校企合作土木建筑类专业精品教材

建筑工程监理概论

主审　许占东

主编　范建伟　冯炜平　张玉林

上海交通大学出版社
SHANGHAI JIAO TONG UNIVERSITY PRESS

内容提要

本书以 GB/T 50319—2013《建设工程监理规范》为依据，结合最新的全国监理工程师职业资格考试内容进行编写，系统地介绍了建筑工程监理的相关知识，并穿插了一些实际案例。本书包括 5 个项目，分别为工程监理企业与监理工程师、建筑工程监理组织、建筑工程目标控制、建筑工程安全生产管理、建筑工程合同及信息管理。

本书内容全面、结构严谨、条理清晰、模块丰富、实用性强，可作为各类院校土木建筑类专业学生的教材。

图书在版编目（CIP）数据

建筑工程监理概论 / 范建伟，冯炜平，张玉林主编. -- 上海 : 上海交通大学出版社，2025. 1.
ISBN 978-7-313-30634-0

Ⅰ. ①建… Ⅱ. ①范… ②冯… ③张… Ⅲ. ①建筑工程－施工监理－概论 Ⅳ. ①TU712

中国国家版本馆 CIP 数据核字(2024)第 096908 号

建筑工程监理概论
JIANZHU GONGCHENG JIANLI GAILUN

主　　编：范建伟　冯炜平　张玉林
出版发行：上海交通大学出版社
地　　址：上海市番禺路 951 号
邮政编码：200030
电　　话：021-64071208
印　　制：三河市祥达印刷包装有限公司
经　　销：全国新华书店
开　　本：787 mm×1092 mm　1/16
印　　张：10.5
字　　数：243 千字
版　　次：2025 年 1 月第 1 版
印　　次：2025 年 1 月第 1 次印刷
书　　号：ISBN 978-7-313-30634-0
电子书号：ISBN 978-7-89564-138-9
定　　价：39.80 元

版权所有　侵权必究
告读者：如发现本书有印装质量问题请与发行部联系
联系电话：0316-3656589

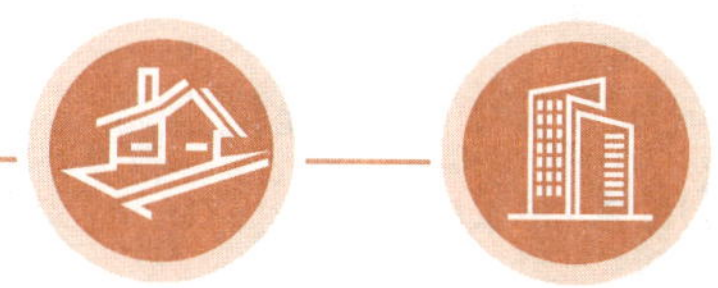

PREFACE »

前言

建筑工程作为推动城市化进程和促进经济发展的重要力量，其质量与安全直接关系到人民群众的生命和财产安全。随着建筑技术的不断进步和工程规模的日益扩大，建筑工程的复杂性、专业性、风险性也随之增加，这对建筑工程监理工作的要求愈加严格和精细，工程监理单位逐渐成为确保工程造价、进度、质量、安全的关键力量。因此，监理人员必须具备扎实的理论知识和丰富的实践技能。

为满足市场对相关专业人才的需求，帮助各类院校培养出更多高素质监理人才，编者搜集了大量的资料，精心编写了本书。

本书具有以下特色。

1．立德树人，润物无声

为贯彻党的二十大精神，坚持为党育人、为国育才的教育初心，落实立德树人根本任务，本书将知识传授、能力培养、人才成长与理想信念、价值理念、道德观念的教育有机结合。首先，本书在每个项目的开头设置了“素质目标”，以明确素质教育的方向。其次，本书在相关知识部分设置了“思想启迪”模块，结合相关知识点导入工程案例、前沿资讯等内容，以引发学生的思考和共鸣，培养学生的工匠精神、团队精神、契约精神，增强学生的法律意识和责任意识，从而引导学生树立正确的世界观、人生观和价值观。

2．校企合作，工学结合

在编写本书的过程中，编者咨询了多位建筑行业专家和一线工作人员，充分考虑了相关岗位的实际需求，力求与岗位需求有机结合，让学生切实掌握实用技能。此外，本书相关内容对接了最新的国家标准规范和行业标准规范，并引用了行业内的典型案例，从而保证了知识的规范性和有效性。

3．任务驱动，强化成果

为落实教育部有关文件精神，切实满足教育改革的要求，本书采用项目任务式体例进行编写，根据实际内容划分为多个项目，每个项目又包含多个任务，每个任务以任务引入→任务工单→相关知识的形式展开。

任务引入：以案例或情景故事等引出任务内容，从而提高学生的学习兴趣。

任务工单：配套设计于每个任务中，以体现“做中学，学中做”的一体化教学思想，培养学生自主学习的意识和能力，增强学生的实践操作能力。

相关知识：参考相关课程标准，以“必需、够用”为原则，采用深入浅出、循序渐进的方式介绍相关理论知识。

此外，本书在每个项目中设置“项目知识检测”，以帮助学生巩固所学知识、强化学习成果；在每个项目末尾设置“学习成果评价”，以检验学生的学习成果。

4．课证融通，模块丰富

本书结合“1+X”证书制度，将相关知识点与相关职业技能等级标准进行了整合，实现了课程内容与职业证书的融通。

此外，本书还穿插了“知识拓展”“小贴士”“想一想”“案例分析”“创想天地”“笔记”等模块，这些模块不仅可以帮助学生拓宽知识视野，深化对专业知识的理解，还可以培养学生分析问题、解决问题的能力，激发学生的创新思维与想象力，引导学生养成持续学习、善于总结的学习习惯。

5．数字资源，平台辅助

本书配有丰富的数字资源。读者可借助手机或其他移动设备扫描二维码观看微课视频，也可登录文旌综合教育平台“文旌课堂”查看和下载本书配套资源，如教学课件、课后习题答案等。读者在学习过程中有任何疑问，都可登录该平台寻求帮助。

此外，本书还提供了在线题库，支持“教学作业，一键发布”，教师只需要通过微信或“文旌课堂”App扫描扉页二维码，即可迅速选题、一键发布、智能批改，并查看学生的作业分析报告，从而提高教学效率、提升教学体验。学生可在线完成作业，巩固所学知识，提高学习效率。

本书由许占东担任主审，范建伟、冯炜平、张玉林担任主编，蓝晨、赵帼平、杨慧、汪洪菊、刘杰、杨会东、申川担任副主编。由于编者水平有限，书中难免存在疏漏或不当之处，敬请广大读者批评指正。

特别说明：

（1）本书在编写过程中，参考了大量资料并引用了部分文章和图片。这些引用的资料大部分已获授权，但由于部分注明来源的资料来自网络，我们暂时无法联系到原作者。对此，我们深表歉意，并欢迎原作者随时与我们联系，我们将按规定支付稿酬。

（2）本书所选案例均来源于真实事件，但为了避免引起误会，部分人物使用了化名。

（3）本书没有注明资料来源的案例均为编者根据真实事件改编。

片　头

本书配套资源下载网址和联系方式

网址：https://www.wenjingketang.com

电话：400-117-9835

邮箱：book@wenjingketang.com

CONTENTS

目录

绪　论

0.1　建筑工程监理概述

0.1.1　建筑工程监理的概念

建筑工程监理是指工程监理单位（以下简称监理单位）受建设单位委托，根据法律法规、工程建设标准、勘察设计文件及合同，在施工阶段对建筑工程造价、进度、质量进行控制，对合同、信息进行管理，对工程建设各相关方的关系进行协调，并履行建筑工程安全生产管理法定职责的服务活动。

小贴士

（1）监理单位是指依法成立并取得建设主管部门颁发的工程监理企业资质证书，从事建筑工程监理及相关服务活动的服务机构。

（2）建设单位是指投资建设某项工程的单位。建设单位是委托监理的一方，不仅对项目建设的进度、质量、资金和合同等各项管理工作负责，还对实现项目的建设目标负责。

0.1.2　建筑工程监理的范围

为了有效发挥建筑工程监理的作用，加大建筑工程监理的推行力度，《建设工程监理范围和规模标准规定》对必须实行监理的建设工程项目具体范围和规模标准作了如下具体规定。

（1）国家重点建设工程。它是指依据《国家重点建设项目管理办法》所确定的对国民经济和社会发展有重大影响的骨干项目。

（2）大中型公用事业工程。它是指项目总投资额在 3 000 万元以上的工程项目：供水、供电、供气、供热等市政工程项目；科技、教育、文化等项目；体育、旅游、商业等项目；卫生、社会福利等项目；其他公用事业项目。

（3）成片开发建设的住宅小区工程。建筑面积在 5 万平方米以上的住宅建设工程必须实行监理；建筑面积在 5 万平方米以下的住宅建设工程，可以实行监理，具体范围和规模标准，由省、自治区、直辖市人民政府建设行政主管部门规定。为了保证住宅质量，高层住宅及地基、结构复杂的多层住宅应当实行监理。

（4）利用外国政府或国际组织贷款、援助资金的工程。它的工程范围包括使用世界银行、亚洲开发银行等国家组织贷款资金的项目，使用国外政府及其机构贷款资金的项目，使用国际组织或国外政府援助资金的项目。

（5）国家规定必须实行监理的其他工程。它是指项目总投资额在 3 000 万元以上，关系社会公共利益、公众安全的能源、交通运输、信息产业、水利建设、城市基础设施、生态环境保护等基础设施项目，以及学校、影剧院、体育场馆项目。如图 0-1 所示为在建学校项目。

图 0-1　在建学校项目

0.1.3　建筑工程监理的实施程序

建筑工程监理一般按以下程序来组织实施。

1. 组建项目监理机构

监理单位在参与工程监理投标、承接工程监理任务时，应根据建筑工程的规模、性质，以及建设单位对建筑工程监理的要求，选派符合总监理工程师任职资格要求的人员主持该项工作。监理单位开展监理活动时，应在施工现场派驻项目监理机构，该机构的组织形式和规模，可根据监理合同约定的服务内容、服务期限、工程特点等确定。

总监理工程师由监理单位法定代表人书面任命，负责履行监理合同，主持项目监理机构工作，是监理项目的负责人。总监理工程师应根据监理大纲和监理合同来确定项目监理机构的人员及岗位职责，并在监理规划和具体实施中进行及时调整。

2. 编制监理规划及监理实施细则

监理规划是项目监理机构全面开展建筑工程监理工作的指导性文件。监理规划应在签订监理合同及收到工程设计文件后由总监理工程师组织编制，并在召开第一次工地会议前报送建设单位。

监理实施细则是在监理规划的基础上，针对某一专业或某一方面建筑工程监理工作的操作性文件。监理实施细则应在相应工程施工开始前由专业监理工程师编制，并报总监理工程师审批。

3. 开展规范化的监理工作

项目监理机构应根据监理合同的约定、监理规划及监理实施细则开展监理工作。监理工作的规范化主要体现在工作的时序性、职责分工的严密性和工作目标的确定性等方面。

4. 参与工程竣工验收

建筑工程施工完成后，项目监理机构应在正式验收前组织工程竣工预验收。在预验收过程中发现的问题，应及时与施工单位沟通，并提出整改要求。工程竣工预验收合格后，由总监理工程师组织专业监理工程师编制工程质量评估报告，编制完成后，由总监理工程师和监理单位技术负责人审核签字并加盖监理单位公章后报建设单位。项目监理机构应参加由建设单位组织的工程竣工验收，并签署监理意见。

小贴士

（1）**竣工验收**是指在建筑工程已按照设计要求完成全部施工任务，准备交付给建设单位投入使用时，由建设单位或有关主管部门依照国家关于建筑工程竣工验收制度的规定，对该项工程是否符合设计要求和工程质量标准所进行的检查、考核工作。

（2）**竣工预验收**是指在建筑工程竣工验收前，由施工单位申请并由项目监理机构组织，对建筑工程是否达到竣工验收条件所进行的检查、评估工作。竣工预验收除参加人员与竣工验收不同外，其方法、程序、要求等均与竣工验收相同。

5. 向建设单位提交监理文件资料

监理工作完成后，项目监理机构应向建设单位提交在监理合同中约定的监理文件资料。若监理合同中未作明确规定，一般应向建设单位提交工程变更资料、监理指令性文件等。

6. 进行监理工作总结

监理工作完成后，项目监理机构应及时向建设单位和监理单位提交监理工作总结。

0.1.4 建筑工程监理的工作内容

建筑工程监理的工作内容主要包括组织协调、造价控制、进度控制、质量控制、安全生产管理、合同管理、信息管理等。

（1）组织协调。项目监理机构应建立协调管理制度，协调工程建设各相关方之间的关系，并组织有关单位研究解决建筑工程有关问题，以确保建筑工程顺利进行。

（2）造价控制。项目监理机构应根据监理合同的约定，遵循造价控制原理，在保证建筑工程工期和质量满足要求的前提下，采用相应的措施和方法对工程造价进行控制，以确保将工程造价控制在限额内。

（3）进度控制。项目监理机构应根据监理合同的约定开展进度控制工作，建立进度控制有关制度，加强合同管理，协调合同工期和进度计划之间的关系，以确保合同中进度目标的实现。

（4）质量控制。项目监理机构应根据监理合同的约定，遵循预控、过程控制和质量验收相结合的原则，制订和实施相应的监理措施，采用旁站、巡视和平行检验等方式对建筑工程质量实施控制。

小贴士

任何建筑工程都有造价、进度、质量三大目标，这三大目标之间相互关联，共同形成了一个整体，构成了建筑工程目标系统。在工程建设过程中，监理单位需要统筹兼顾这三大目标，不可将它们分割开来单独控制；同时，还需要从不同的角度将建筑工程造价、进度、质量总目标分解成若干分目标、子目标及可执行目标，以形成“自上而下层层展开、自下而上层层保证”的建筑工程目标体系，从而为这三大目标的动态控制奠定基础。

（5）安全生产管理。项目监理机构应根据法律法规、工程建设强制性标准，履行建筑工程安全生产管理的监理职责，并将安全生产管理的监理工作内容、方法和措施纳入监理规划及监理实施细则。

（6）合同管理。项目监理机构应根据监理合同的约定对施工合同进行管理，处理工程暂停、工程复工、工程变更、费用索赔、施工合同争议及施工合同解除等事宜。当施工合同终止时，项目监理机构应协助建设单位按施工合同约定处理施工合同终止的有关事宜。

（7）信息管理。项目监理机构应建立信息管理制度，采用信息化手段进行信息管理，及时收集、传递、整理、分类汇总、存储信息，形成数据库，并向建设单位移交有关信息档案。

0.1.5 建筑工程监理的主要方式

建筑工程监理的主要方式有旁站、巡视、平行检验、见证取样等。

1. 旁站

旁站是指项目监理机构对建筑工程的关键部位或关键工序的施工质量进行的监督活动。它可起到及时发现问题、第一时间采取措施、确保施工工艺按施工方案进行等作用。

2. 巡视

巡视是指项目监理机构对施工现场进行的定期或不定期的检查活动。若监理人员在巡视过程中发现问题，则应及时要求施工单位进行纠正并督促其整改。如图 0-2 所示为监理人员巡视施工现场的场景。

图 0-2　监理人员巡视施工现场的场景

3. 平行检验

平行检验是指项目监理机构在施工单位自检的同时，按有关规定、监理合同约定对同一检验项目进行的检测试验活动。在平行检验的过程中，监理人员不仅应记录相关数据，分析平行检验结果和检测报告结论等，还应提出相应的建议和措施。

4. 见证取样

见证取样是指项目监理机构对施工单位进行的涉及结构安全的试块、试件及工程材料现场取样、封样、送检工作的监督活动。如图 0-3 所示为施工单位取样人员对混凝土试块进行现场取样的场景。

图 0-3　施工单位取样人员对混凝土试块进行现场取样的场景

在施工过程中，项目监理机构见证人员应按见证取样和送检计划，对施工现场的取样和送检进行见证，施工单位取样人员应在试样或其包装上做出标识、封志。标识和封志应标明工程名称、取样部位、取样日期、样品名称和样品数量，并由见证人员和取样人员签字。见证人员应制作见证记录，并将见证记录归入施工技术档案。

在见证取样的试块、试件和工程材料送检时，应由送检单位填写委托单，委托单应由见证人员和送检人员签字。检测单位应检查委托单以及试样上的标识和封志，确认无误后方可进行检测。检测单位应严格按有关规定和技术标准进行检测，出具公正、真实、准确的检测报告。检测报告必须加盖见证取样检测的专用章。

笔记

0.2　建筑工程监理法律法规体系

建筑工程监理法律法规体系按有关法律法规的地位和作用的不同，可分为以下几个层次。

0.2.1　建筑工程监理有关法律

与建筑工程监理有关的法律主要有《中华人民共和国建筑法》(以下简称《建筑法》)、《中华人民共和国招标投标法》、《中华人民共和国民法典》、《中华人民共和国刑法》

（以下简称《刑法》）、《中华人民共和国安全生产法》（以下简称《安全生产法》）、《中华人民共和国土地管理法》、《中华人民共和国环境保护法》、《中华人民共和国城乡规划法》、《中华人民共和国城市房地产管理法》和《中华人民共和国环境影响评价法》等。

0.2.2　建筑工程监理有关法规

与建筑工程监理有关的法规主要有《中华人民共和国招标投标法实施条例》《中华人民共和国土地管理法实施条例》《建设工程质量管理条例》《建设工程安全生产管理条例》《生产安全事故报告和调查处理条例》《建设工程勘察设计管理条例》等。

0.2.3　建筑工程监理有关规章

与建筑工程监理有关的规章主要有《工程监理企业资质管理规定》《建设工程监理范围和规模标准规定》《建设工程质量检测管理办法》《建筑工程设计招标投标管理办法》《注册监理工程师管理规定》《建筑工程施工许可管理办法》《实施工程建设强制性标准监督规定》《城市建设档案管理规定》等。

想一想

自1988年以来，我国建筑工程监理制度先后经历了试点、稳步发展和全面推行3个阶段。1988年7月，《关于开展建设工程监理工作的通知》的颁布标志着建筑工程监理试点工作的正式启动，1988—1992年部分省市和行业开展了试点工作；1993—1995年，全国地级以上城市稳步开展了建筑工程监理工作；从1996年开始，建筑领域全面推行了建筑工程监理制度。目前，全国房屋建筑、市政公用、交通、水利等各类建筑工程中普遍实行了建筑工程监理制度。

我国建筑工程监理的产生与发展

历经30多年的发展，我国建筑工程监理制度逐步趋于完善。随着建筑业的快速发展，建筑工程监理所起的作用也越来越重要。未来，建筑工程监理行业将会面临哪些机遇和挑战呢？

项目 1

工程监理企业与监理工程师

项目导读

工程监理企业是建筑工程监理的实施主体，需要具有相应的资质条件和综合实力，是监理工程师的执业机构。监理工程师是承担监理工作的专业技术人员，主要负责对工程项目进行全方位的监督、检查和管理，从而确保施工质量达到预期要求。

本项目主要介绍工程监理企业的资质管理、经营管理，以及监理工程师职业资格考试与注册等内容。通过本项目的学习，学生应对工程监理企业和监理工程师有一定的了解，并具备调查研究和解决实际复杂工程问题的能力。

项目目标

知识目标

（1）了解工程监理企业的概念及分类。

（2）掌握工程监理企业的资质等级标准及业务范围。

（3）熟悉工程监理企业经营活动的基本准则。

（4）熟悉工程监理企业的基本管理措施。

（5）了解监理工程师的职业素养及职业道德，权利、义务及法律责任。

（6）熟悉监理工程师职业资格考试与注册的有关规定。

技能目标

（1）能调研工程监理企业。

（2）能分析工程事故中监理工程师应承担的责任。

素质目标

（1）弘扬尽职尽责、勇于担当的责任意识。

（2）养成严谨细致、遵纪守法的工作作风。

任务 1.1 了解工程监理企业的概况

任务引入

某市计划在市中心建设一栋集商业、办公、住宅于一体的综合楼。该综合楼总建筑面积约 50 万平方米，总投资预计超过 50 亿元，建筑规模庞大，施工技术复杂，施工周期长，且涉及众多参建单位。为了确保项目质量满足要求、项目如期交付，建设单位决定选择一家可靠的工程监理企业对该项目进行监督与管理。假如你是建设单位的负责人，你将如何对潜在工程监理企业展开调研呢？

本任务主要介绍工程监理企业的概念及分类、资质管理、经营管理等内容，知识与技能要求如表 1-1 所示。

表 1-1　知识与技能要求

任务内容	了解工程监理企业的概况	学习程度		
		识记	理解	应用
学习任务	工程监理企业概述	●		
	工程监理企业的资质管理		●	
	工程监理企业的经营管理		●	
实训任务	调研工程监理企业			●
自我勉励				

任务工单——调研工程监理企业

1. 学生分组

学生以 3～5 人为一组，各小组选出组长并进行任务分工，将小组成员及分工情况填入表 1-2 中。

表 1-2　小组成员及分工情况

班级		组号		指导教师	
小组成员	姓名	学号	任务分工		
组长					
组员					

2. 实施准备

（1）各小组查阅并整理相关资料，确定调研的目的和范围，然后设计调研方案，将设计好的调研方案提交给指导教师。

（2）指导教师对各小组提交的调研方案进行梳理、比较，选出一个最优方案，然后将其作为调研工程监理企业的实施方案。

3. 任务实施

1）团队培训

为确保调研任务的顺利进行，在实施调研前需要对调研团队进行培训。培训的内容（如调研方法、调研工具等）：____。

2）实施调研

（1）数据收集。

收集所需的调研数据：____。

（2）数据整理。

① 详细地记录访谈内容：____。

② 整理问卷调查所收集的数据：____。

③ 系统地整理现场观察到的情况：____。

3）数据分析

（1）排除无效或不完整的数据。

（2）为定性数据进行编码，以便对其进行量化分析。

（3）使用统计类软件对编码后的数据进行分析：____。

4）撰写调研报告

（1）调研目的：________________________________。

（2）调研过程：________________________________。

（3）调研数据分析：____________________________。

（4）调研结论：________________________________。

（5）调研建议：________________________________。

5）调研反馈

指导教师将调研报告反馈给工程监理企业。工程监理企业根据调研报告并结合自身实际情况，确定是否需要对企业进行整改。若需要，则应先制订合理的改进措施和实施计划，然后定期检查其实施效果，并不断改进，从而提升服务质量和企业竞争力。

6）任务总结

____。

笔记

1.1.1 工程监理企业概述

1. 工程监理企业的概念

工程监理企业是指取得国家工程监理企业资质，接受建设单位的委托，对建筑活动实施监督和管理的独立法人单位。

2. 工程监理企业的分类

工程监理企业的种类很多，下面主要从以下几个方面进行简单介绍。

1）按组织形式分类

工程监理企业按组织形式的不同，可分为公司制监理企业、合资工程监理企业和合作工程监理企业3种。其中，公司制监理企业又可分为股份有限公司和有限责任公司两种；合资工程监理企业又可分为国内企业合资组建的工程监理企业和中外企业合资组建的工程监理企业两种；合作工程监理企业是由两家或两家以上的工程监理企业，经过注册后成立的，可以独立法人的资格享有民事权利，承担民事责任。

2）按经济性质分类

工程监理企业按经济性质的不同，可分为全民所有制工程监理企业、集体所有制工程监理企业和私有制工程监理企业3种。

3）按隶属关系分类

工程监理企业按隶属关系的不同，可分为独立法人工程监理企业和附属机构工程监理企业两种。

4）按资质等级和工程类别分类

工程监理企业按资质等级和工程类别的不同，可分为综合资质和专业资质两类。其中，综合资质不分类别、不分等级。专业资质设有10个工程类别，可分为甲级和乙级两个等级。

小贴士

工程监理企业按资质等级和工程类别进行的分类，是根据2018年12月22日第3次修正的《工程监理企业资质管理规定》和2021年6月29日公开发布的《住房和城乡建设部办公厅关于做好建筑业“证照分离”改革衔接有关工作的通知》划分的。

《工程监理企业资质管理规定》于2007年8月1日起施行，先后经历了2015年、2016年和2018年3次修正。

1.1.2 工程监理企业的资质管理

工程监理企业资质管理规定

《工程监理企业资质管理规定》对工程监理企业的资质等级标准及业务范围作了如下规定。

1. 工程监理企业的资质等级标准

工程监理企业的资质等级标准如表 1-3 所示。

表 1-3 工程监理企业的资质等级标准

<table>
<tr><th colspan="2">资质类别</th><th colspan="3">标准要求</th></tr>
<tr><td colspan="2">综合资质</td><td rowspan="3">（1）具有独立法人资格且具有符合国家有关规定的资产
（2）具有必要的工程试验检测设备
（3）申请工程监理资质之日前一年内没有出现工程监理企业禁止的行为
（4）申请工程监理资质之日前一年内没有因本企业监理责任造成重大质量事故
（5）申请工程监理资质之日前一年内没有因本企业监理责任发生 3 级以上工程建设重大安全事故或发生两起以上 4 级工程建设安全事故</td><td rowspan="2">（1）企业技术负责人应为注册监理工程师，并具有 15 年以上从事工程建设工作的经历或具有工程类高级职称
（2）具有完善的组织结构和质量管理体系，有健全的技术、档案等管理制度</td><td>（1）具有 5 个以上工程类别的专业甲级工程监理资质
（2）注册监理工程师不少于 60 人，注册造价工程师不少于 5 人，一级注册建造师、一级注册建筑师、一级注册结构工程师或其他勘察设计注册工程师合计不少于 15 人次</td></tr>
<tr><td rowspan="2">专业资质</td><td>甲级资质</td><td>（1）注册监理工程师、注册造价工程师、一级注册建造师、一级注册建筑师、一级注册结构工程师或其他勘察设计注册工程师合计不少于 25 人次；其中，相应专业注册监理工程师不少于《专业资质注册监理工程师人数配备表》中要求配备的人数，注册造价工程师不少于 2 人
（2）近 2 年内独立监理过 3 个以上相应专业的二级工程项目，但是具有甲级设计资质或一级及以上施工总承包资质的企业申请本专业工程类别甲级资质的除外</td></tr>
<tr><td>乙级资质</td><td>企业技术负责人应为注册监理工程师，并具有 10 年以上从事工程建设工作的经历</td><td>（1）注册监理工程师、注册造价工程师、一级注册建造师、一级注册建筑师、一级注册结构工程师或其他勘察设计注册工程师合计不少于 15 人次。其中，相应专业注册监理工程师不少于《专业资质注册监理工程师人数配备表》中要求配备的人数，注册造价工程师不少于 1 人
（2）有较完善的组织结构和质量管理体系，有技术、档案等管理制度</td></tr>
</table>

知识拓展

（1）工程监理企业禁止的行为：与建设单位串通投标或与其他工程监理企业串通投标，以行贿手段谋取中标；与建设单位或施工单位串通弄虚作假、降低工程质量；将不合格的建筑工程、建筑材料、建筑构配件和设备按合格签字；超越本企业资质等级或以其他企业名义承揽监理业务；允许其他单位或个人以本企业的名义承揽工程；将承揽的监理业务转包；在监理过程中实施商业贿赂；涂改、伪造、出借、转让工程监理企业资质证书；其他违反法律法规的行为。

（2）根据《工程监理企业资质管理规定》和《住房和城乡建设部办公厅关于做好建筑业“证照分离”改革衔接有关工作的通知》规定，专业资质注册监理工程师人数配备情况如表1-4所示。

表1-4 专业资质注册监理工程师人数配备情况

序号	工程类别	甲级/人	乙级/人
1	房屋建筑工程	15	10
2	冶炼工程	15	10
3	矿山工程	20	12
4	化工石油工程	15	10
5	电力工程	15	10
6	铁路工程	23	14
7	航天航空工程	20	12
8	通信工程	20	12
9	市政公用工程	15	10
10	机电安装工程	15	10

注：表中各专业资质注册监理工程师人数配备是指工程监理企业取得本专业工程类别注册的注册监理工程师人数。

2. 工程监理企业的业务范围

工程监理企业的业务范围如表1-5所示。

表 1-5 工程监理企业的业务范围

资质类别	资质等级	业务范围
综合资质	不分等级	可承担所有专业工程类别建筑工程项目的工程监理业务
专业资质	甲级	可承担相应专业工程类别建筑工程项目的工程监理业务
	乙级	可承担相应专业工程类别二级以下（含二级）建筑工程项目的工程监理业务

【案例 1-1】某市负责某大型桥梁项目的建设单位，需要招标一家具有甲级资质的工程监理企业，开展监理工作。然而，一家具有乙级资质的工程监理企业通过伪造资质证明，不仅参与了此次投标，还获得了中标资格。这家中标的工程监理企业在项目施工过程中，由于监理工作不到位，导致项目质量出现了严重问题。最终，经有关监管部门调查确认，该工程监理企业被取消了中标资格，并处 10 000 元罚款。请问：该工程监理企业存在哪些违法违规行为？

【分析】该工程监理企业存在的违法违规行为：① 该工程监理企业通过伪造资质证明获取了中标资格，未严格遵守有关法律法规中关于工程监理企业资质等级的规定；② 在监理过程中，该工程监理企业未能及时纠正错误，而是继续进行监理工作，最终导致项目质量出现了严重问题。

1.1.3 工程监理企业的经营管理

1. 工程监理企业经营活动的基本准则

工程监理企业经营活动的基本准则是守法、诚信、公正、科学，具体如下。

（1）守法。工程监理企业必须严格遵守国家法律法规，并在核定的资质等级及业务范围内从事监理活动；应妥善保管工程监理企业资质证书，不转让监理业务；应按监理合同的约定履行义务，不违背承诺；在异地承揽监理业务时，应自觉遵守工程所在地的有关规定，并及时向工程所在地的建设主管部门备案登记。

（2）诚信。工程监理企业应按有关规定，向资质许可机关提供真实、准确、完整的信用档案信息；不弄虚作假、降低工程质量；不向建设单位、施工单位谋取不当利益；应加强内部管理，建立工程监理企业内部信用管理责任制度等。

（3）公正。工程监理企业在监理活动中既要维护建设单位的利益，又不能损害施工单位的合法权益。尤其是在处理双方之间的争议时，工程监理企业要想做到公正，就必须坚持实事求是，提高专业技术能力和综合分析判断问题的能力等。

（4）科学。工程监理企业应依据科学的方案，采用科学的方法和手段开展监理工作，以确保工程的顺利进行。监理工作结束后，工程监理企业还应进行科学的总结。

2. 工程监理企业的基本管理措施

（1）明确市场定位。工程监理企业应根据自身的资源、能力等实际情况合理确定其市场地位，制订适合自身的发展战略和技术创新战略。在实施过程中，工程监理企业还应密切关注市场动态，并根据市场变化及时做出调整。

（2）管理方法现代化。工程监理企业应广泛采用现代管理技术、方法和手段，如积极推广应用先进实用的项目管理软件等。同时，工程监理企业还应学习和借鉴先进企业的管理经验和管理方法。

（3）建立市场信息系统。工程监理企业应加强对现代信息技术的运用，建立准确、实时的市场信息系统，以便及时掌握市场动态。

（4）严格贯彻落实GB/T 50319—2013《建设工程监理规范》。在签订监理合同、实施监理工作、考核监理业绩等多个环节中，工程监理企业都应严格以《建设工程监理规范》为主要依据，结合实际情况，制定相应的《建设工程监理规范》实施细则，并组织在职员工学习。

创想天地

在建筑工程领域，技术革新、法规更新和市场需求的变化对工程监理企业不断提出新的要求和挑战。为了在激烈的市场竞争中立于不败之地，工程监理企业应如何提升自身核心竞争力，以适应行业发展的需求呢？

笔记

任务 1.2 了解监理工程师的基本情况

任务引入

某施工单位承包了某项目的沟槽开挖任务。施工前，施工单位将施工方案报送监理单位审批，监理工程师王某草草地看了一遍施工方案，便同意施工单位动工，随即施工单位便开始进行沟槽开挖工作，王某也被调派至其他项目。一周后，王某返回该项目所在地，此时沟槽开挖的深度约 4 米、长度约 15 米，沟槽边坡临边堆土长度约 12 米、宽度约 2.5 米、高度约 1 米。王某发现沟槽边坡的土质较为松软，但该施工单位未对沟槽边坡进行支护，便立即下发了监理通知单。当天，王某便又匆匆赶往其他项目。3 天后，该项目的沟槽边坡突然坍塌，导致 10 人死亡，3 人受伤，损失惨重。试分析，在该起事故中，监理工程师应承担哪些责任呢？

本任务主要介绍监理工程师的职业素养及职业道德，权利、义务及法律责任，以及监理工程师职业资格考试与注册等内容，知识与技能要求如表 1-6 所示。

表 1-6　知识与技能要求

任务内容	了解监理工程师的基本情况	学习程度		
		识记	理解	应用
学习任务	监理工程师概述	●		
	监理工程师职业资格考试与注册	●		
实训任务	分析工程事故中监理工程师应承担的责任			●
自我勉励				

任务工单——分析工程事故中监理工程师应承担的责任

1. 学生分组

学生以 3～5 人为一组，各小组选出组长并进行任务分工，将小组成员及分工情况填入表 1-7 中。

表 1-7　小组成员及分工情况

<table>
<tr><td>班级</td><td></td><td>组号</td><td></td><td>指导教师</td><td></td></tr>
<tr><td>小组成员</td><td>姓名</td><td>学号</td><td colspan="3">任务分工</td></tr>
<tr><td>组长</td><td></td><td></td><td colspan="3"></td></tr>
<tr><td rowspan="4">组员</td><td></td><td></td><td colspan="3"></td></tr>
<tr><td></td><td></td><td colspan="3"></td></tr>
<tr><td></td><td></td><td colspan="3"></td></tr>
<tr><td></td><td></td><td colspan="3"></td></tr>
</table>

2. 实施准备

（1）各小组查阅并整理相关资料，确定事故调查的方法和范围，然后设计事故调查方案，将设计好的事故调查方案提交给指导教师。

（2）指导教师对各小组提交的事故调查方案进行梳理、比较，从中选出一个最优方案，然后开展任务实施。

3. 任务实施

1）事故报告

事故现场有关人员应当立即向________________________报告。

报告内容：____

____。

2）事故调查

事故调查应坚持实事求是、尊重科学的原则，具体做法如下。

（1）成立事故调查组。事故调查组成员：________________________。

（2）查明事故经过。查明事故经过的方法：________________________

____。

（3）分析事故原因。导致该事故发生的直接原因：____________________

____；

间接原因：____

____。

（4）确定监理工程师的失职行为。通过以下几个方面评估监理工程师的工作情况，确定监理工程师存在的失职行为。

① 监理工程师的工作记录：________________________

____。

② 监理工程师在施工现场的监督行为：______________

____。

③ 监理工程师对施工单位违规行为的排查与处理措施：__________

____。

④ 监理工程师与施工单位、建设单位的沟通协调情况：__________

____。

3）事故处理

根据事故调查结果，确定事故处理方案：______________

____。

针对监理工程师的失职行为，按照有关法律法规的规定，确定监理工程师应承担的法律责任（刑事责任、行政责任和民事责任）：______________

____。

4）任务总结

____

____

____

____

____。

笔记

1.2.1 监理工程师概述

监理工程师是指通过职业资格考试取得中华人民共和国监理工程师职业资格证书（以下简称监理工程师职业资格证书），并经注册后从事建筑工程监理及相关业务活动的专业技术人员。监理工程师是实施工程监理制的核心和基础，是建筑工程监理的骨干力量。凡从事工程监理活动的单位，都应当配备监理工程师。

1. 监理工程师的职业素养及职业道德

1）监理工程师的职业素养

（1）监理工程师应热爱监理工作，具备良好的职业道德、实事求是的工作态度，以及清正廉洁、公正无私的高尚情操。同时，监理工程师还应具备良好的沟通能力，能听取不同的意见，冷静地分析、解决问题。

"金牌总监"的职业素养

（2）监理工程师应具备较高的学历和复合型知识结构。工程建设涉及多门学科，监理工程师虽然很难做到同时掌握众多的专业理论知识，但是应至少掌握其中之一。监理工程师职业资格报考条件明确规定，监理工程师应至少具有工程类大专学历。与此同时，监理工程师还应了解或掌握一定的工程建设经济和组织管理等方面的专业理论知识，熟悉国家相应的法律法规，并在工作中不断学习，成为一专多能的复合型人才。

（3）监理工程师应具备丰富的工程建设实践经验。经验丰富的监理工程师在面对各种复杂的工程问题时，能快速解决施工中的难题，有效控制风险，从而提高工程质量。

（4）监理工程师应具备良好的身心素质。监理工程师作为工程建设的监督者，平时工作繁忙，而且在工程施工阶段，不仅需要露天作业，还需要应对施工现场的各种复杂问题。因此，监理工程师只有拥有强健的体魄和良好的心理素质，才能更好地胜任监理工作。

（5）监理工程师应具备较强的组织协调能力。监理工程师应善于与各参建单位进行有效的沟通协调，以确保工程顺利进行。

2）监理工程师的职业道德

（1）在监理工作中，监理工程师应遵循以下通用职业道德准则。

① 维护国家的荣誉和利益，按"守法、诚信、公正、科学"的准则执业。

② 执行有关工程建设的法律、法规、标准、规范、规程和制度，履行监理合同规定的义务和职责。

③ 不同时在多家监理单位注册和从事监理活动，不在政府部门和材料、设备的生产供应单位等兼职。

④ 不以个人名义承揽监理业务。

⑤ 努力学习建筑工程监理的相关知识，不断提高自身的业务能力和监理水平。

⑥ 不索贿受贿。

⑦ 不为所监理的项目指定施工单位，建筑构配件、设备、材料的生产厂家，以及施工方法等。

⑧ 不泄露需要保密的事项。

⑨ 坚持独立自主地开展工作。

（2）FIDIC 职业道德准则。

国际咨询工程师联合会（international federation of consulting engineers, FIDIC）规定，监理工程师应严格遵循以下职业道德准则：遵法守规，诚实守信；恪尽职守，爱岗敬业；团结协作，尊重他人；严格监理，优质服务；加强学习，提升能力；维护形象，保守秘密。

2. 监理工程师的权利、义务及法律责任

为了加强对监理工程师的管理，维护公共利益和建筑市场秩序，提高工程监理质量与水平，中华人民共和国住房和城乡建设部（以下简称住房城乡建设部）根据《建筑法》《建设工程质量管理条例》等法律法规，制定了《注册监理工程师管理规定》。《注册监理工程师管理规定》中规定，监理工程师只有通过资格考试和注册，才能以监理工程师的名义来执业。

注册监理工程师管理规定

小贴士

《注册监理工程师管理规定》于 2006 年 4 月 1 日起施行，经历了 2016 年 1 次修正。

1）监理工程师的权利和义务

监理工程师的权利和义务如表 1-8 所示。

表 1-8　监理工程师的权利和义务

权利	（1）使用注册监理工程师称谓 （2）在规定范围内从事执业活动 （3）依据本人能力从事相应的执业活动 （4）保管和使用本人的注册证书和执业印章 （5）对本人执业活动进行解释和辩护 （6）接受继续教育 （7）获得相应的劳动报酬 （8）对侵犯本人权利的行为进行申诉

（续表）

义务	（1）遵守法律、法规和有关管理规定 （2）履行管理职责，执行技术标准、规范和规程 （3）保证执业活动成果的质量，并承担相应责任 （4）接受继续教育，努力提高执业水平 （5）在本人执业过程中的工程监理文件上签字、加盖执业印章 （6）保守在执业过程中知悉的国家秘密和他人的商业、技术秘密 （7）不得涂改、倒卖、出租、出借或以其他形式非法转让注册证书或执业印章 （8）不得同时在两个或两个以上单位受聘或执业 （9）在规定的执业范围和聘用单位业务范围内从事执业活动 （10）协助注册管理机构完成相关工作

知识拓展

注册监理工程师的继续教育

随着科学技术的不断发展，注册监理工程师应通过继续教育及时掌握与工程监理有关的政策、法律法规和标准规范，熟悉工程监理与工程项目管理的新理论、新方法，了解工程建设的新技术、新材料、新设备及新工艺，适时更新业务知识，不断提高业务素质和执业水平，以适应工程监理事业发展的需要。

注册监理工程师在每一注册有效期（3年）内应接受96学时的继续教育，其中必修课和选修课各为48学时。必修课每年可安排16学时。选修课按注册专业安排学时，只注册1个专业的，每年接受该注册专业选修课16学时的继续教育；注册2个专业的，每年接受相应2个注册专业选修课各8学时的继续教育。

在注册有效期内，注册监理工程师可根据工作需要集中安排或分年度安排继续教育的学时。

注册监理工程师申请变更注册专业时，在提出申请前，应接受申请变更注册专业24学时选修课的继续教育。注册监理工程师申请跨省、自治区、直辖市变更执业单位时，在提出申请之前，应接受新聘用单位所在地8学时选修课的继续教育。

2）监理工程师的法律责任

监理工程师的法律责任主要包括刑事责任、行政责任等。

（1）刑事责任。若监理工程师在工作中违反了刑法的有关规定，则会面临刑事追责。建设单位、设计单位、施工单位、监理单位违反国家规定，降低工程质量标准，造成重大安全事故的，对直接责任人员处5年以下有期徒刑或拘役，并处罚金；后果特别严重的，处5年以上10年以下有期徒刑，并处罚金。

某地铁工程的基坑发生坍塌（见图 1-1），造成 21 人死亡，1 人重伤，3 人轻伤，直接经济损失近 5 000 万元。经调查，施工单位违规施工、冒险作业，造成基坑严重超挖，整个支撑体系存在严重缺陷。加之基坑监测设备失效，且未采取有效的补救措施，从而导致事故的发生。李某是该工程的监理工程师，在工作期间未履行监理职责，对施工过程中的违法违规行为制止不力，也未及时报告建设单位和有关监督部门。最终，李某被判处有期徒刑 3 年 3 个月，为自己的行为付出了惨重的代价。安全无小事，我们应当时刻敲响安全警钟，肩负起自身应有的责任，遵守安全规范，按规程操作，保护生命和财产安全。

图 1-1　某地铁工程的基坑发生坍塌

（2）行政责任。监理工程师在执业过程中必须遵纪守法。对于监理工程师在执业过程中的违规行为，建设主管部门有权追究其责任，并根据情节的不同给予相应的行政处罚，具体如下。

① 隐瞒有关情况或提供虚假材料申请注册的，住房和城乡建设主管部门不予受理或不予注册，并给予警告，1 年之内不得再次申请注册。

② 以欺骗、贿赂等不正当手段取得注册证书的，由国务院建设主管部门撤销注册，3 年内不得再次申请注册，并由县级以上地方人民政府住房和城乡建设主管部门处罚款，其中没有违法所得的，处 1 万元以下罚款，有违法所得的，处违法所得 3 倍以下且不超过 3 万元的罚款；构成犯罪的，依法追究刑事责任。

③ 违反《注册监理工程师管理规定》，未经注册，擅自以注册监理工程师的名义从事工程监理及相关业务活动的，由县级以上地方人民政府住房和城乡建设主管部门给予警告，责令停止违法行为，处 3 万元以下罚款；造成损失的，依法承担赔偿责任。

④ 违反《注册监理工程师管理规定》，未办理变更注册仍执业的，由县级以上地方人民政府住房和城乡建设主管部门给予警告，责令限期改正；逾期不改的，可处5 000元以下的罚款。

⑤ 注册监理工程师在执业活动中有下列行为之一的，由县级以上地方人民政府住房和城乡建设主管部门给予警告，责令其改正，没有违法所得的，处1万元以下罚款，有违法所得的，处违法所得3倍以下且不超过3万元的罚款；造成损失的，依法承担赔偿责任；构成犯罪的，依法追究刑事责任。

以个人名义承揽业务的；涂改、倒卖、出租、出借或以其他形式非法转让注册证书或执业印章的；泄露执业中应当保守的秘密并造成严重后果的；超出规定执业范围或聘用单位业务范围从事执业活动的；弄虚作假提供执业活动成果的；同时受聘于两个或两个以上的单位，从事执业活动的；其他违反法律、法规、规章的行为。

想一想

在工程建设过程中，如果监理工程师对工作不负责，导致工程事故的发生。那么监理工程师将会承担相应的法律责任。请同学们搜集这方面的工程事故案例，并分析这些案例中监理工程师将要承担怎样的法律责任。

1.2.2 监理工程师职业资格考试与注册

为了统一、规范监理工程师职业资格设置和管理，根据《国家职业资格目录》，住房城乡建设部、中华人民共和国交通运输部（以下简称交通运输部）、中华人民共和国水利部（以下简称水利部）、中华人民共和国人力资源和社会保障部（以下简称人社部）共同制定了《监理工程师职业资格制度规定》和《监理工程师职业资格考试实施办法》。

1. 监理工程师职业资格考试

监理工程师职业资格考试全国统一大纲、统一命题、统一组织。

1）监理工程师职业资格考试科目

监理工程师职业资格考试设有《建设工程监理基本理论和相关法规》《建设工程合同管理》《建设工程目标控制》《建设工程监理案例分析》4个科目。其中，《建设工程监理基本理论和相关法规》和《建设工程合同管理》为基础科目，《建设工程目标控制》和《建设工程监理案例分析》为专业科目。

监理工程师职业资格考试的专业科目分为土木建筑工程、交通运输工程、水利工程3个专业类别，考生在报名时可根据实际工作需要选择。其中，土木建筑工程专业类别的考试由住房城乡建设部负责；交通运输工程专业类别的考试由交通运输部负责；水利工程专业类别的考试由水利部负责。

监理工程师职业资格考试成绩以4年为1个周期进行滚动管理，即在连续的4年内通过全部考试科目，方可取得监理工程师职业资格证书。

2）监理工程师职业资格考试报考条件

凡遵守中华人民共和国宪法、法律、法规，具有良好的业务素质和道德品行，具备下列条件之一者，可申请参加监理工程师职业资格考试。

（1）具有各工程大类专业大学专科学历（或高等职业教育），从事工程施工、监理、设计等业务工作满6年。

（2）具有工学、管理科学与工程类专业大学本科学历或学位，从事工程施工、监理、设计等业务工作满4年。

（3）具有工学、管理科学与工程一级学科硕士学位或专业学位，从事工程施工、监理、设计等业务工作满2年。

（4）具有工学、管理科学与工程一级学科博士学位。

3）免试基础科目的条件

具备以下条件之一的，参加监理工程师职业资格考试可免考基础科目。

（1）已取得公路水运工程监理工程师资格证书。

（2）已取得水利工程建设监理工程师资格证书。

申请免考部分科目的考生在报名时应提供相应材料。免考基础科目和增加专业类别的考生，专业科目成绩以2年为1个周期进行滚动管理。

2. 监理工程师注册

国家对监理工程师职业资格实行执业注册管理制度。住房城乡建设部、交通运输部、水利部按专业类别分别负责监理工程师注册及相关工作。为了进一步推进行政审批制度改革，完善监理工程师注册管理工作，《注册监理工程师注册管理工作规程》对土木建筑类监理工程师的注册作了如下规定。

按注册内容的不同，建筑类监理工程师的注册可分为初始注册、延续注册和变更注册3种。不同注册类别的申请条件及申请材料如表1-9所示。

表1-9　不同注册类别的申请条件及申请材料

注册类别	申请条件	申请材料
初始注册	取得中华人民共和国监理工程师执业资格证书的申请人，应自证书签发之日起3年内提出初始注册申请。逾期未申请者，须符合近3年继续教育要求后方可申请初始注册	（1）由本人填写的《中华人民共和国注册监理工程师初始注册申请表》 （2）由社会保险机构出具的近1个月在聘用单位的社保证明扫描件（退休人员须提供有效的退休证明） （3）本人近期1寸彩色免冠证件照扫描件

（续表）

注册类别	申请条件	申请材料
延续注册	注册监理工程师注册有效期为3年，注册期满须继续执业的，应符合继续教育要求并在注册有效期届满30日前申请延续注册。在注册有效期届满30日前未提出延续注册申请的，在有效期满后，其注册执业证书和执业印章自动失效，须继续执业的，应重新申请初始注册	（1）由本人填写的《中华人民共和国注册监理工程师延续注册申请表》 （2）由社会保险机构出具的近1个月在聘用单位的社保证明扫描件（退休人员须提供有效的退休证明）
变更注册	注册监理工程师在注册有效期内，需要变更执业单位、注册专业等注册内容的，应申请变更注册。申请办理变更注册手续的，变更注册后仍延续原注册有效期	（1）由本人填写的《中华人民共和国注册监理工程师变更注册申请表》 （2）由社会保险机构出具的近1个月在聘用单位的社保证明扫描件（退休人员须提供有效的退休证明） （3）在注册有效期内，变更执业单位的，申请人应提供工作调动证明扫描件（与原聘用单位终止或解除聘用劳动合同的证明文件，或者由劳动仲裁机构出具的解除劳动关系的劳动仲裁文件） （4）在注册有效期内，因所在聘用单位名称发生变更的，应在聘用单位名称变更后30日内按变更注册规定办理变更注册手续，并提供聘用单位新名称的营业执照、工商核准通知书扫描件

创想天地

监理工程师是工程质量的把关人、安全的守护者，负责对建筑工程全生命期进行监督和管理。在该过程中，监理工程师需要协调团队成员和各参建单位之间的工作。为了促进彼此间的协作，增强彼此间的信任，监理工程师应如何建立有效的沟通机制，以确保工程项目的顺利进行？

笔记

项目知识检测

1. 填空题

（1）工程监理企业按组织形式的不同，可分为_______________、_______________和_______________3 种。

（2）工程监理企业经营活动的基本准则是_______________、_______________、_______________、_______________。

（3）监理工程师职业资格考试成绩以_________年为 1 个周期进行滚动管理。免考基础科目和增加专业类别的考生，专业科目成绩以_________年为 1 个周期进行滚动管理。

（4）按注册内容的不同，建筑类监理工程师的注册可分为_________________、_________________和_________________3 种。

2. 选择题

（1）下列选项中，不属于工程监理企业按经济性质分类的是（　　）。

A. 全民所有制工程监理企业　　B. 集体所有制工程监理企业

C. 附属机构工程监理企业　　D. 私有制工程监理企业

（2）下列选项中，不属于监理工程师权利的是（　　）。

A. 保证执业活动成果的质量　　B. 在规定范围内从事执业活动

C. 对本人执业活动进行解释和辩护　　D. 使用注册监理工程师称谓

（3）下列选项中，属于监理工程师义务的是（　　）。

A. 不以个人名义承揽监理业务　　B. 不索贿受贿

C. 接受继续教育，努力提高执业水平　　D. 做好保密工作

（4）下列选项中，不符合监理工程师职业资格考试报考条件的是（　　）。

A. 小王具有工程类专业专科学历，且从事工程施工工作满 7 年

B. 小李具有管理科学与工程类专业本科学位，且从事工程监理工作满 5 年

C. 小张具有工学硕士学位，且从事工程设计工作满 3 年

D. 小彭虽然正在攻读工学博士学位，但是已经在某设计院实习了 1 年

3. 简答题

（1）简述工程监理企业的业务范围。

（2）简述工程监理企业的基本管理措施。

（3）简述监理工程师的职业素养。

学习成果评价

指导教师对学生的实际学习成果进行评价，学生配合指导教师共同完成表1-10。

表1-10　学习成果评价表

<table>
<tr><td>班级</td><td></td><td>组号</td><td></td><td>日期</td><td colspan="2"></td></tr>
<tr><td>姓名</td><td></td><td>学号</td><td></td><td>指导教师</td><td colspan="2"></td></tr>
<tr><td>学习成果名称</td><td colspan="6">工程监理企业与监理工程师</td></tr>
<tr><td>评价项目</td><td colspan="3">评价内容</td><td>评价方式</td><td>满分/分</td><td>评分/分</td></tr>
<tr><td rowspan="5">知识
（40%）</td><td colspan="3">工程监理企业的概念和分类</td><td rowspan="5">理论测试</td><td>6</td><td></td></tr>
<tr><td colspan="3">工程监理企业的资质管理</td><td>9</td><td></td></tr>
<tr><td colspan="3">工程监理企业的经营管理</td><td>9</td><td></td></tr>
<tr><td colspan="3">监理工程师的职业素养及职业道德，权利、义务及法律责任</td><td>8</td><td></td></tr>
<tr><td colspan="3">监理工程师职业资格考试与注册</td><td>8</td><td></td></tr>
<tr><td rowspan="2">技能
（40%）</td><td colspan="3">调研工程监理企业</td><td rowspan="2">实践操作</td><td>20</td><td></td></tr>
<tr><td colspan="3">分析工程事故中监理工程师应承担的责任</td><td>20</td><td></td></tr>
<tr><td rowspan="5">素养
（20%）</td><td colspan="3">积极参加教学活动，主动学习、思考、讨论</td><td rowspan="5">综合评判</td><td>5</td><td></td></tr>
<tr><td colspan="3">认真负责，按时完成学习、实践任务</td><td>5</td><td></td></tr>
<tr><td colspan="3">团结协作，与组员之间密切配合</td><td>4</td><td></td></tr>
<tr><td colspan="3">服从指挥，遵守课堂和实训室纪律</td><td>4</td><td></td></tr>
<tr><td colspan="3">守正创新，自信自强</td><td>2</td><td></td></tr>
<tr><td colspan="5">合计</td><td>100</td><td></td></tr>
<tr><td>自我评价</td><td colspan="6"></td></tr>
<tr><td>指导教师评价</td><td colspan="6"></td></tr>
</table>

项目 2

建筑工程监理组织

项目导读

在工程建设过程中，建筑工程监理组织是完成监理工作的基础和前提。在建筑工程的不同组织形式下可采用不同的监理模式。监理单位在接受委托任务后成立项目监理机构，项目监理机构将进驻施工现场履行监理合同，并按一定的原则、程序、方法和手段实施监理。

本项目主要介绍建筑工程承发包模式与监理模式，项目监理机构，建筑工程监理的组织协调等内容。通过本项目的学习，学生应对建筑工程监理组织有一定的了解，并具备解决相关问题的能力。

项目目标

知识目标

（1）掌握建筑工程不同承发包模式下的监理模式。

（2）了解项目监理机构的概念。

（3）掌握建立项目监理机构的步骤。

（4）掌握项目监理机构的组织形式、人员配置，以及项目监理机构监理人员的职责。

（5）掌握组织协调的概念、原则、工作内容和工作方法。

技能目标

（1）能选择建筑工程承发包模式与监理模式。

（2）能组建项目监理机构。

（3）能组织召开监理例会。

素质目标

（1）弘扬科学严谨、追求卓越的工匠精神。

（2）培养开拓进取、推陈出新的创新思维。

任务 2.1 认识建筑工程承发包模式与监理模式

任务引入

某市计划打造一个科技园区，该科技园区规模庞大，包括研发大楼、大数据处理中心、实验中心、员工食堂和宿舍、配套设施等多个建筑，总投资额预计为 2 亿元，计划总工期为 3 年。鉴于该项目复杂的施工流程和庞大的建设规模，建设单位致力于在项目建设过程中精简合同管理流程、降低管理成本、保障项目进度。试分析，建设单位应选择哪种建筑工程承发包模式与监理模式？

本任务主要介绍平行承发包模式下的监理模式、设计或施工总分包模式下的监理模式、工程总承包模式下的监理模式、工程总承包管理模式下的监理模式等内容，知识与技能要求如表 2-1 所示。

表 2-1　知识与技能要求

任务内容	认识建筑工程承发包模式与监理模式	学习程度		
		识记	理解	应用
学习任务	平行承发包模式下的监理模式		●	
	设计或施工总分包模式下的监理模式		●	
	工程总承包模式下的监理模式		●	
	工程总承包管理模式下的监理模式		●	
实训任务	选择建筑工程承发包模式与监理模式			●
自我勉励				

任务工单——选择建筑工程承发包模式与监理模式

1. 学生分组

学生以 3～5 人为一组，各小组选出组长并进行任务分工，将小组成员及分工情况填入表 2-2 中。

表 2-2　小组成员及分工情况

<table>
<tr><td>班级</td><td></td><td>组号</td><td></td><td>指导教师</td><td></td></tr>
<tr><td>小组成员</td><td>姓名</td><td>学号</td><td colspan="3">任务分工</td></tr>
<tr><td>组长</td><td></td><td></td><td colspan="3"></td></tr>
<tr><td rowspan="4">组员</td><td></td><td></td><td colspan="3"></td></tr>
<tr><td></td><td></td><td colspan="3"></td></tr>
<tr><td></td><td></td><td colspan="3"></td></tr>
<tr><td></td><td></td><td colspan="3"></td></tr>
</table>

2. 实施准备

（1）各小组查阅并整理相关资料，确定项目的目标和特点，了解建设单位的需求，然后确定建筑工程承发包模式与监理模式的选择方案，将选择方案提交给指导教师。

（2）指导教师对各小组提交的选择方案进行梳理、比较，从中选择一个最优方案，然后将其作为选择建筑工程承发包模式与监理模式的实施方案。

3. 任务实施

1）评估和比较不同的承发包模式

评估和比较不同承发包模式的特点、适用范围，以及对造价、进度、质量等方面的影响。

（1）平行承发包模式的特点：____

____；

适用范围：____

____；

对造价、进度、质量等方面的影响：______________________________

____。

（2）设计或施工总分包模式的特点：____________________________________

____；

适用范围：____

____；

对造价、进度、质量等方面的影响：____
____。

（3）工程总承包模式的特点：____
____；
适用范围：____
____；
对造价、进度、质量等方面的影响：____
____。

（4）工程总承包管理模式的特点：____________________________________
____；
适用范围：____
____；
对造价、进度、质量等方面的影响：____
____。

2）评估和比较不同的监理模式

评估和比较不同承发包模式下的监理模式的分类和特点。

（1）平行承发包模式下的监理模式的分类：__________________________
________________________________；特点：________________________
____。

（2）设计或施工总分包模式下的监理模式的分类：____________________
________________________________；特点：________________________
____。

（3）工程总承包模式下的监理模式的分类：__________________________
________________________________；特点：________________________
____。

（4）工程总承包管理模式下的监理模式的分类：______________________
________________________________；特点：________________________
____。

3）选择合适的承发包模式与监理模式

综合考虑项目需求、造价、风险、质量、进度等因素，选择最符合项目实际情况的承发包模式：____，
选择承发包模式下的监理模式：____。

4）任务总结

____
____
____。

2.1.1 平行承发包模式下的监理模式

平行承发包模式是指建设单位将建筑工程的设计、施工及材料设备采购等任务进行分解，分别发包给若干个承包单位（包括设计单位、施工单位和材料设备供应单位等），并分别与之签订承包合同的管理模式，如图 2-1 所示。在平行承发包模式中，各承包单位之间是平行关系。

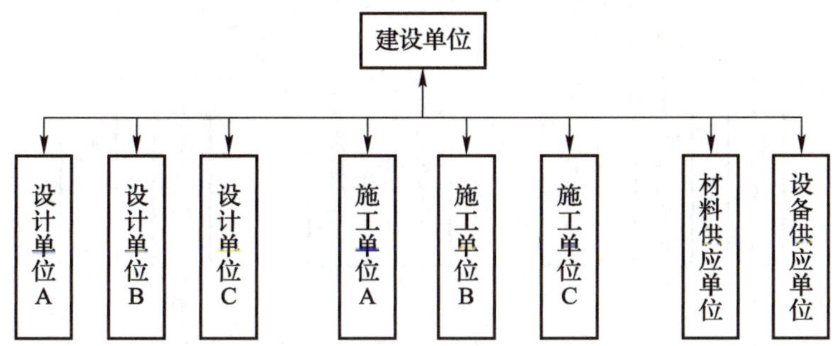

图 2-1 平行承发包模式

平行承发包模式的优点是有利于缩短工程工期、控制工程质量，建设单位能优选承包单位；其缺点是合同数量较多、合同管理困难、工程造价控制难度较大。

平行承发包模式下的监理模式主要包括以下两种。

1. 建设单位委托一家监理单位的监理模式

建设单位委托一家监理单位的监理模式要求监理单位具备较强的合同管理和组织协调能力，并能做好全面规划工作。在该模式下，项目监理机构可组建多个监理分支机构，并由它们分别对各承包单位进行监理。在监理过程中，总监理工程师需要做好总体协调工作，加强横向联系，以保证监理工作的有效开展。如图 2-2 所示为平行承发包模式下建设单位委托一家监理单位的监理模式，其中实线表示合同关系，虚线表示管理关系，下同。

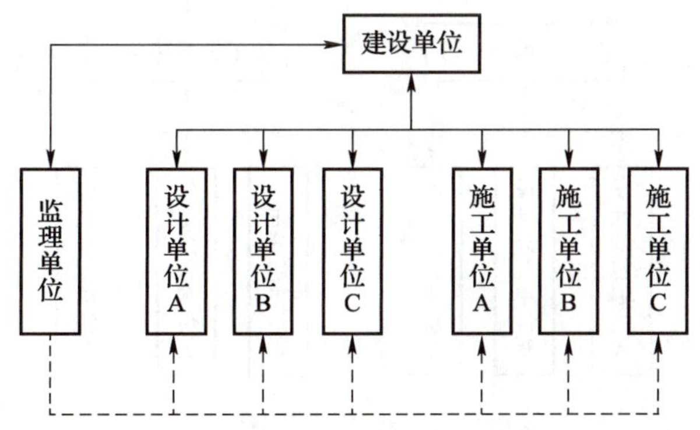

图 2-2 平行承发包模式下建设单位委托一家监理单位的监理模式

2. 建设单位委托多家监理单位的监理模式

建设单位委托多家监理单位的监理模式要求建设单位必须做好各监理单位之间的协调工作。在该模式下，各监理单位的监理对象单一，便于管理，但监理工作被肢解，不利于监理工作的总体规划和协调控制。如图 2-3 所示为平行承发包模式下建设单位委托多家监理单位的监理模式。

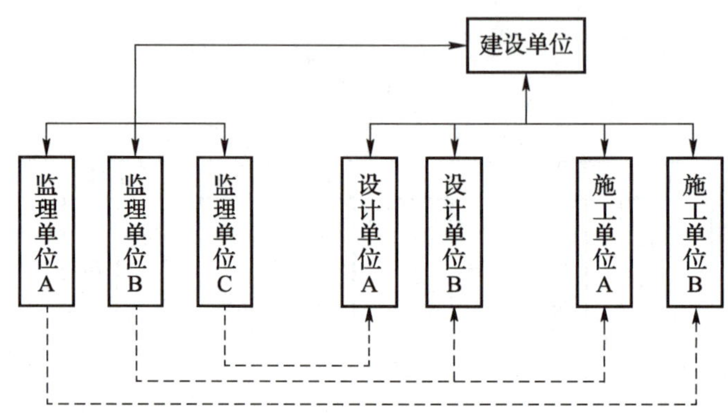

图 2-3 平行承发包模式下建设单位委托多家监理单位的监理模式

2.1.2 设计或施工总分包模式下的监理模式

设计或施工总分包模式是指建设单位将建筑工程中所有的设计或施工任务发包给一家设计单位或一家施工单位，并将其作为工程总承包单位（以下简称总承包单位），总承包单位将部分任务再分包给其他承包单位，形成一个设计总承包合同或一个施工总承包合同，以及若干个分包合同的管理模式，如图 2-4 所示。

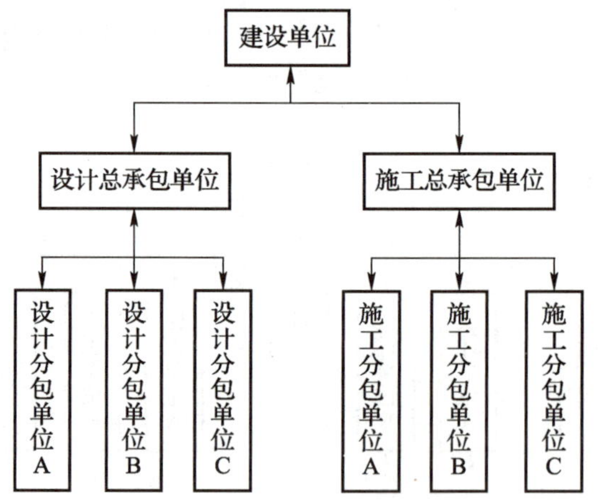

图 2-4 设计或施工总分包模式

设计或施工总分包模式的优点是有利于建筑工程的组织管理、投资控制、质量控制和进度控制；其缺点是建设周期较长、总承包报价较高。

设计或施工总分包模式下的监理模式主要包括以下两种。

1. 建设单位委托一家监理单位的监理模式

建设单位委托一家监理单位的监理模式有利于监理单位对设计阶段和施工阶段的目标控制进行统筹考虑和总体规划，有利于开展施工阶段的监理工作。如图 2-5 所示为设计或施工总分包模式下建设单位委托一家监理单位的监理模式。

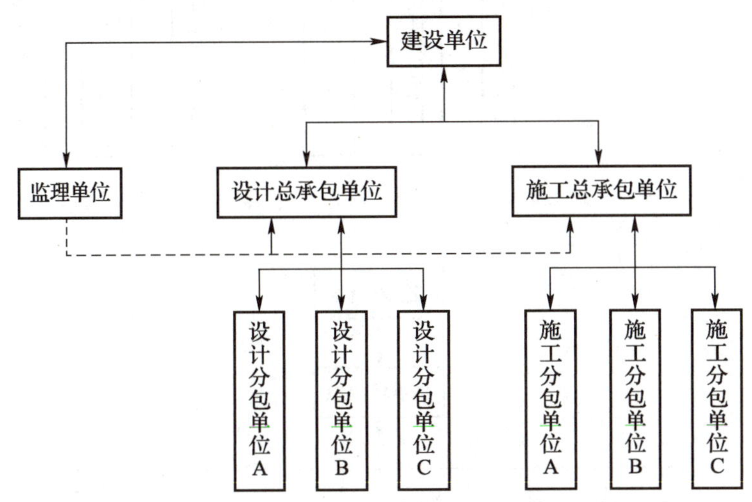

图 2-5 设计或施工总分包模式下建设单位委托一家监理单位的监理模式

2. 建设单位分阶段委托多家监理单位的监理模式

建设单位分阶段委托多家监理单位的监理模式能更好地发挥各阶段监理单位的专长和优势，提高监理工作的专业性和针对性。在该模式下，总承包单位需要对建设单位承担最终责任。同时，监理单位必须做好对分包单位资质的审查工作，以确保工程顺利进行。如图 2-6 所示为设计或施工总分包模式下建设单位分阶段委托多家监理单位的监理模式。

2.1.3 工程总承包模式下的监理模式

工程总承包模式是指建设单位将工程建设任务发包给总承包单位，总承包单位将工程建设任务再分包给其他承包单位（包括设计分包单位、施工分包单位、材料设备供应单位等），并分别与之签订承包合同的管理模式，如图 2-7 所示。

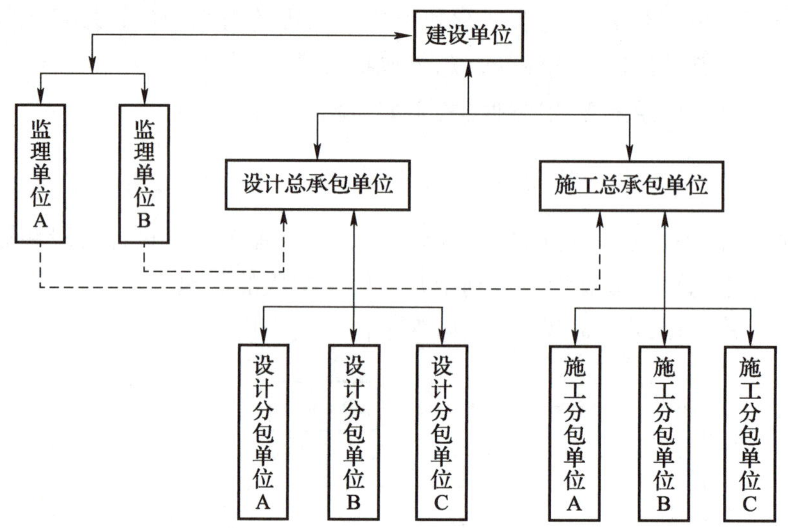

图 2-6　设计或施工总分包模式下建设单位分阶段委托多家监理单位的监理模式

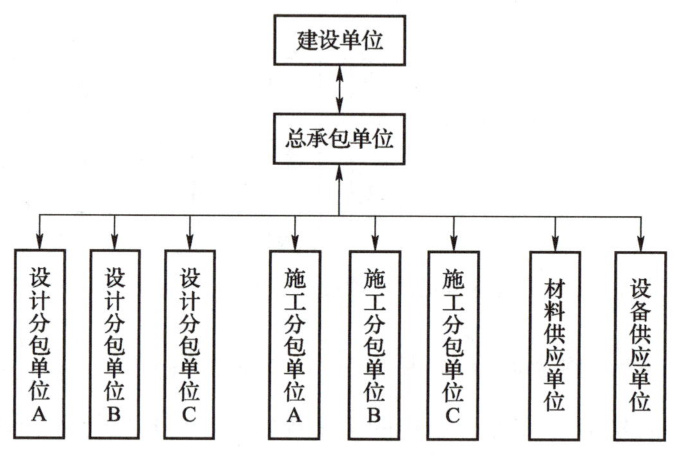

图 2-7　工程总承包模式

小贴士

工程总承包模式是一种国际通行的建设项目组织实施方式。建设单位在选择建设项目组织实施方式时，应当本着质量可靠、效率优先的原则，优先采用工程总承包模式。工程总承包模式适用于政府投资项目和装配式建筑等。

工程总承包模式的优点是合同关系简单，协调工作量小，有利于建筑工程的进度控制、投资控制；其缺点是合同管理和质量控制的难度较大，建设单位优选承包单位的范围较小。

在工程总承包模式下，建设单位一般会委托一家监理单位进行监理工作。该模式不仅需要总监理工程师具备丰富的工程实践经验和知识储备，还需要重点做好合同管理工作。如图 2-8 所示为工程总承包模式下建设单位委托一家监理单位的监理模式。

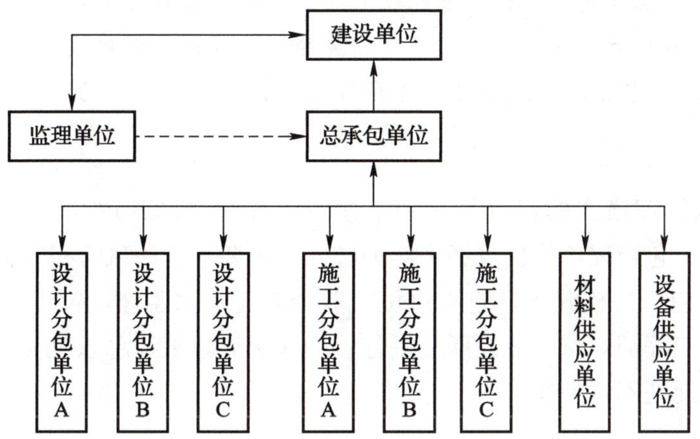

图 2-8 工程总承包模式下建设单位委托一家监理单位的监理模式

2.1.4 工程总承包管理模式下的监理模式

工程总承包管理模式是指建设单位将工程建设任务发包给专门从事项目组织管理的工程总承包管理单位（以下简称总承包管理单位），再由该单位将工程建设任务分包给若干个设计分包单位、施工分包单位、材料设备供应单位，并在实施中进行的管理模式，如图 2-9 所示。

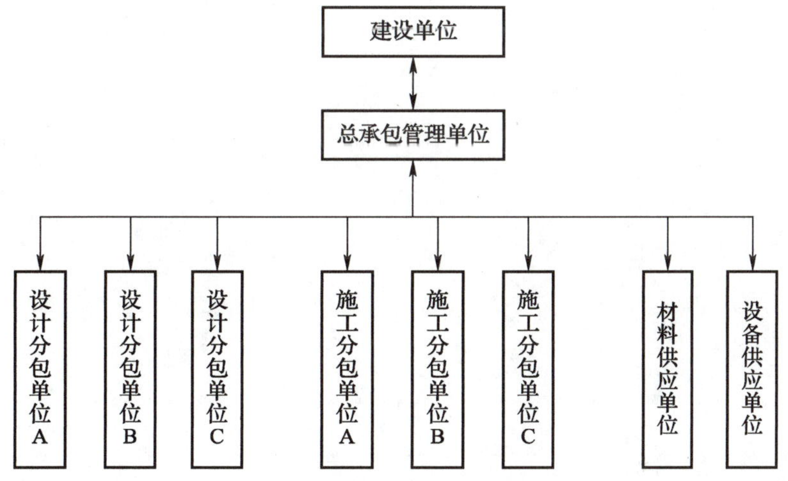

图 2-9 工程总承包管理模式

小贴士

工程总承包管理模式与工程总承包模式的区别：前者自身不具备设计、施工能力，不能直接进行工程设计、施工工作，而是需要将所承揽的工程建设任务全部分包出去，并负责工程项目的建设管理；后者自身具备工程设计、施工能力，可直接进行工程设计、施工工作。

工程总承包管理模式的优点是有利于建筑工程的合同管理、组织协调、进度控制等；其缺点是总承包管理单位自身经济实力较弱，需要承担的风险相对较大。

在工程总承包管理模式下，建设单位一般会委托一家监理单位进行监理工作。该模式有利于总监理工程师对整个建设活动进行管理和协调。工程总承包管理模式与图 2-8 所示的基本相同，此处不再赘述。

创想天地

在建筑工程领域，工程项目的成功实施离不开承发包模式与监理模式的紧密配合。良好的配合不仅可以提升工程项目的管理水平，还能确保工程的质量、安全，最终实现建筑行业的可持续发展。请结合工程实例，分析承发包模式与监理模式之间是如何设计和实施的。

笔记

任务 2.2　了解项目监理机构

任务引入

某综合性商业中心项目包括一座购物中心、一座高层写字楼和一座大型酒店，总投资额预计为 15 亿元，计划总工期为 3 年，施工过程较为复杂。为了确保该项目能顺利完工并交付使用，负责该项目的监理单位组建了一个项目监理机构。项目监理机构负责该项目的造价、进度、质量、安全、合同、信息等方面的监理工作。试分析，监理单位该如何组建项目监理机构呢？

本任务主要介绍项目监理机构的概念，建立项目监理机构的步骤，项目监理机构的组织形式、人员配置和监理人员职责等内容，知识与技能要求如表 2-3 所示。

表 2-3　知识与技能要求

任务内容	了解项目监理机构	学习程度		
		识记	理解	应用
学习任务	项目监理机构概述	●		
	项目监理机构的组织形式		●	
	项目监理机构的人员配置		●	
	项目监理机构监理人员的职责		●	
实训任务	组建项目监理机构			●
自我勉励				

任务工单——组建项目监理机构

1. 学生分组

学生以3～5人为一组，各小组选出组长并进行任务分工，将小组成员及分工情况填入表2-4中。

表2-4 小组成员及分工情况

班级		组号		指导教师	
小组成员	姓名	学号	任务分工		
组长					
组员					

2. 实施准备

（1）各小组查阅并整理相关资料，确定监理工作目标和内容，然后设计组建方案，将设计好的组建方案提交给指导教师。

（2）指导教师带领学生学习国家和地方有关工程监理的法律法规、政策文件，并对各小组提交的组建方案进行梳理、比较，从中选择一个最优方案，然后将其作为组建项目监理机构的实施方案。

3. 任务实施

1）设计项目监理机构组织架构

（1）选择组织形式。

根据该项目的特点和规模，确定监理机构的组织形式为____________________。

该组织形式的特点：____。

（2）确定管理层次和管理跨度。

项目监理机构可分为决策层、中间控制层和作业层3个层次。其中，决策层由____组成，

中间控制层由____组成，

作业层由____组成。

(3) 划分项目监理机构部门。

根据该项目的规模和特点，项目监理机构可分为______________________________

______________________________等多个部门。这些部门根据各自的职责和任务，协同合作，共同完成监理工作。

(4) 确定岗位职责和考核标准。

项目监理机构划分完成后，应确定各个部门、各个岗位的职责和考核标准。岗位的职责：______________________________

______________________________。

考核标准：______________________________

______________________________。

(5) 选派监理人员。

根据该项目的规模和特点，并考虑项目监理机构的组织架构和人员配备要求，选派符合资格要求和经验要求的监理人员。监理人员：______________________________

____

______________________________。

2）制订工作流程和信息流程

(1) 制订工作流程。

制订不同部门的工作流程，以及不同部门负责的工作任务的工作流程、要求和标准。工作流程：______________________________

____

______________________________。

(2) 制订信息流程。

制订项目监理机构对监理信息的收集、处理、发布、归档等信息流程。信息流程：

____

____

______________________________。

3）任务总结

____

____

____

____

____

______________________________。

2.2.1 项目监理机构概述

1. 项目监理机构的概念

项目监理机构是指监理单位派驻工程项目施工现场负责履行监理合同的组织机构。项目监理机构的组织形式和规模，可根据监理合同约定的服务内容、服务期限，以及工程特点、工程规模、工程技术复杂程度和工程环境等因素确定。

2. 建立项目监理机构的步骤

监理单位建立项目监理机构的步骤如图 2-10 所示。

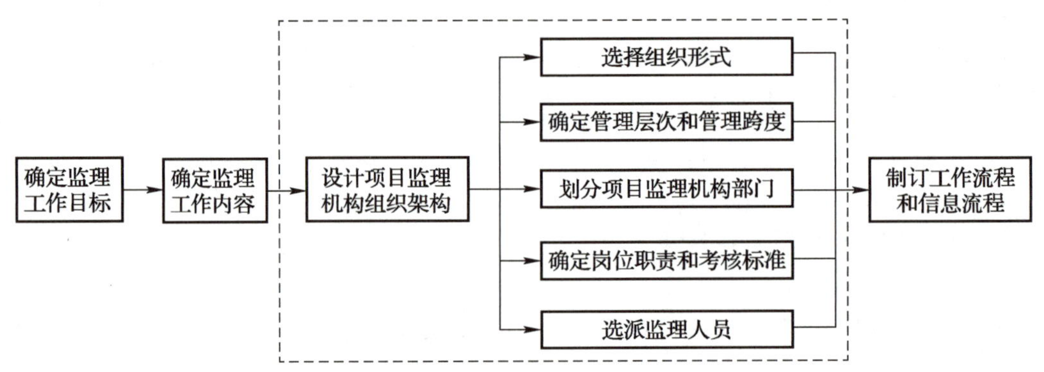

图 2-10 监理单位建立项目监理机构的步骤

1）确定监理工作目标

监理工作目标是建立项目监理机构的前提。项目监理机构的建立应根据监理合同中约定的监理工作目标，制订总目标并对其进行分解。

2）确定监理工作内容

根据监理工作目标和监理合同中约定的监理任务，确定监理工作内容，并对其进行适当的分类、归并和组合。

3）设计项目监理机构组织架构

（1）选择组织形式。项目监理机构的组织形式应根据建筑工程监理的具体需求来选择。组织形式的选择应有利于目标控制、合同管理、决策指挥和信息沟通。

项目监理机构的组织构成因素

（2）确定管理层次和管理跨度。项目监理机构通常包括决策层、中间控制层和作业层 3 个层次。**决策层**由总监理工程师及其助手组成，主要根据监理合同要求和监理活动内容来进行决策、管理；**中间控制层**又称协调层或执行层，由各专业监理工程师组成，主要负责监理规划的落实、目标控制和合同管理；作业层又称操作层，由监理员、检查员等组成，主要负责监理活动的具体操作实施。项目监理机构中管理跨度的确定应综合考虑建筑工程的集中或分散情况、各项规章制度的建立健全情况等，并根据监理工作的实际需要确定。

（3）划分项目监理机构部门。项目监理机构应根据监理工作目标等，将建筑工程监理的工作内容按职能活动的不同，划分为相应的职能管理部门。

（4）确定岗位职责和考核标准。项目监理机构应按权责一致的原则对监理人员进行授权，使其承担相应的职责。同时，项目监理机构应确定考核标准，并根据考核标准对监理人员的工作进行定期考核。

（5）选派监理人员。根据建筑工程的综合情况和监理任务选派适当的监理人员，选派监理人员时应考虑监理人员的个人素质，以及监理人员总体构成的合理性和协调性。

4）制订工作流程和信息流程

项目监理机构应根据监理工作的客观规律制订工作流程和信息流程，以保证监理工作科学、有序的进行。

2.2.2　项目监理机构的组织形式

项目监理机构的组织形式是指项目监理机构具体采用的管理组织结构。它主要包括直线制监理组织形式、职能制监理组织形式、直线职能制监理组织形式和矩阵制监理组织形式等。

1. 直线制监理组织形式

直线制监理组织形式是一种常见的、相对简单的组织形式。在该组织形式下，项目监理机构中任何一个下级只接受唯一上级的命令。各级部门主管人员负责各自所属部门的事务，项目监理机构不再另设职能部门。直线制监理组织形式包括按子项目分解的直线制监理组织形式、按工程建设阶段分解的直线制监理组织形式、按专业内容分解的直线制监理组织形式。

（1）按子项目分解的直线制监理组织形式，如图 2-11 所示。该组织形式适用于可划分为若干个相对独立的子项目的大中型建筑工程。总监理工程师负责整个工程的规划、组织、指导和协调工作，各子项目监理组分别负责对应子项目的目标控制和专项监理组的工作。

（2）按工程建设阶段分解的直线制监理组织形式，如图 2-12 所示。该组织形式适用于建设单位委托监理单位对建筑工程实施的全过程进行监理的情况。

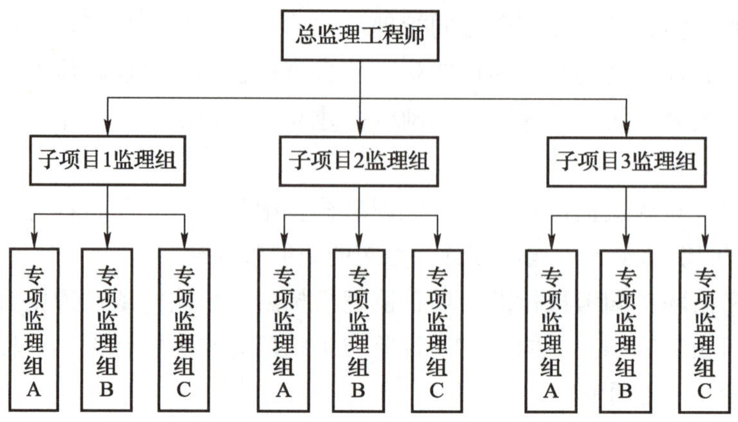

图 2-11　按子项目分解的直线制监理组织形式

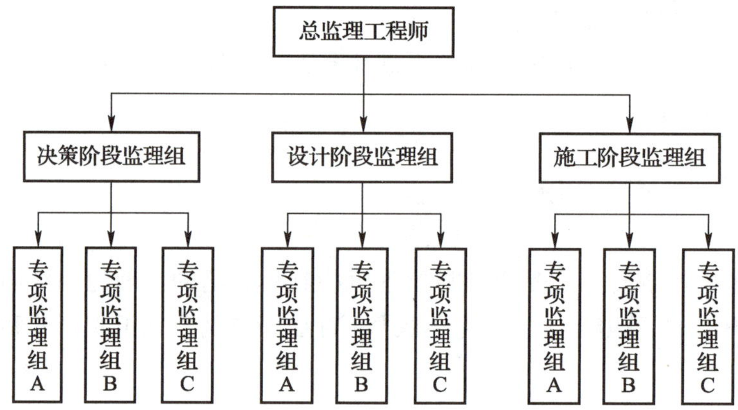

图 2-12　按工程建设阶段分解的直线制监理组织形式

（3）按专业内容分解的直线制监理组织形式，如图 2-13 所示。该组织形式适用于小型建筑工程。

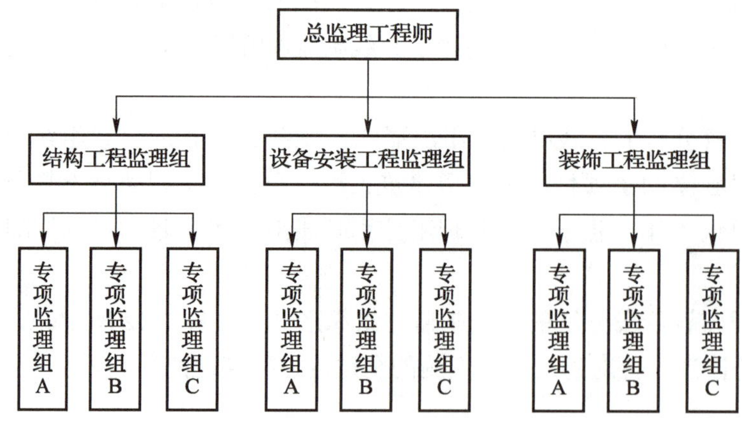

图 2-13　按专业内容分解的直线制监理组织形式

直线制监理组织形式机构简单、权力集中、命令统一、职责分明、决策迅速、隶属关系明确。但该组织形式实行的是没有职能部门的“个人管理”，这就要求总监理工程师必须是全能型人物，既通晓各种业务，又掌握多种专业技能。

2. 职能制监理组织形式

职能制监理组织形式（见图2-14）是一种在项目监理机构内设立一些职能部门，将总监理工程师相应的监理职责和权力授予职能部门，职能部门在本职能范围内有权对下级直接发布指令的组织形式。该组织形式通常适用于大中型建筑工程。

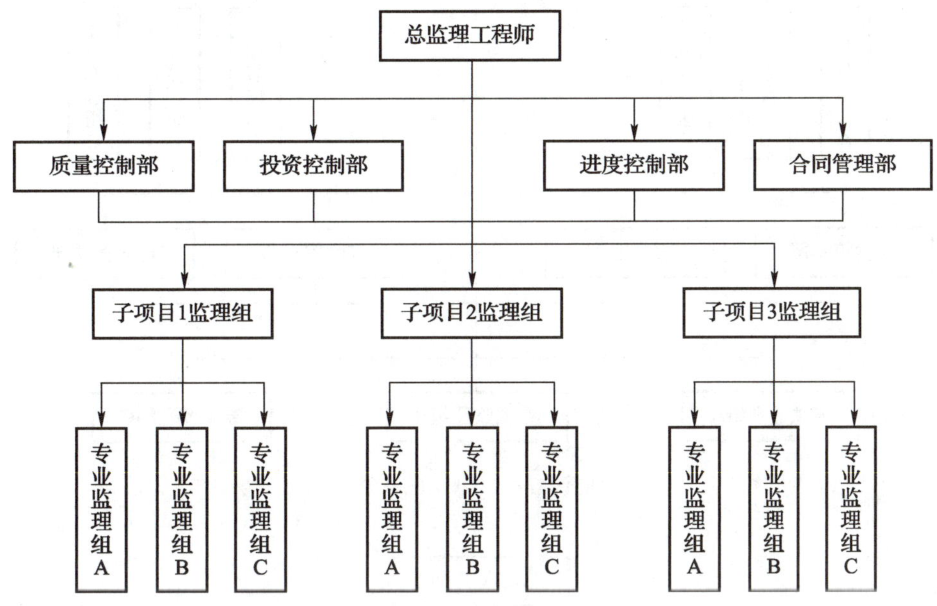

图2-14 职能制监理组织形式

若子项目规模较大，则可在子项目层设立职能部门，如图2-15所示。

职能制监理组织形式的优点是有利于加强项目监理目标控制的职能化分工、有利于发挥各职能部门的专业管理作用、提高管理效率、减轻总监理工程师的负担；其缺点是由于下级受多头指令，若这些指令间相互矛盾，则会使下级在监理工作中无所适从。

3. 直线职能制监理组织形式

直线职能制监理组织形式（见图2-16）是一种结合直线制监理组织形式和职能制监理组织形式的优点而形成的组织形式。在该组织形式下，指挥部门可对下级部门进行指挥和发布命令，并对下级部门的工作全面负责；职能部门只能对下级部门进行业务指导，而不能直接对下级部门进行指挥和发布命令。

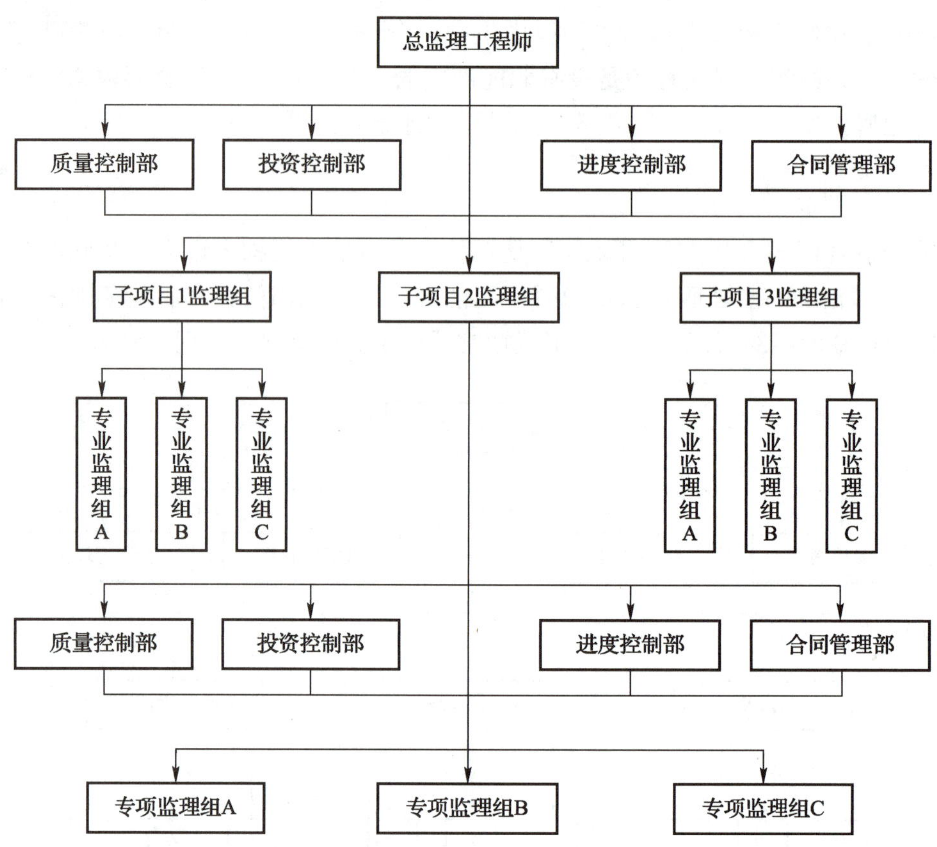

图 2-15　子项目层设立职能部门的职能制监理组织形式

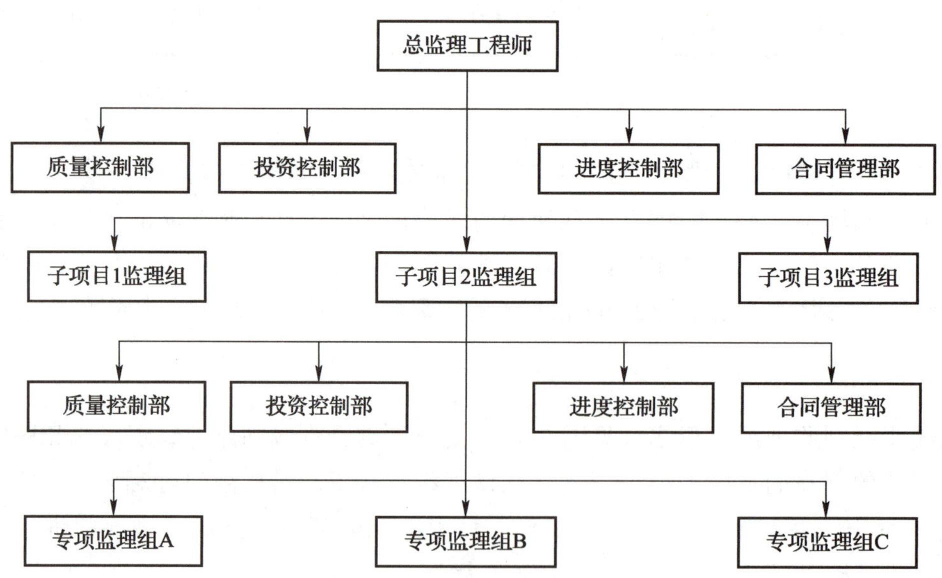

图 2-16　直线职能制监理组织形式

该组织形式不仅保留了直线制监理组织形式直线领导、统一指挥、职责分明的优点，还保留了职能制监理组织形式目标管理专业化的优点；其缺点是信息传递路线较长，不利于沟通协调和信息传递。

4. 矩阵制监理组织形式

矩阵制监理组织形式是一种由纵向职能系统和横向子项目系统在监理工作中相互融合形成的矩阵组织形式，如图 2-17 所示。图 2-17 中的“○”表示两者相互协同以共同解决问题。例如，子项目 2 的质量验收是由子项目 2 监理组和质量控制部共同完成的。

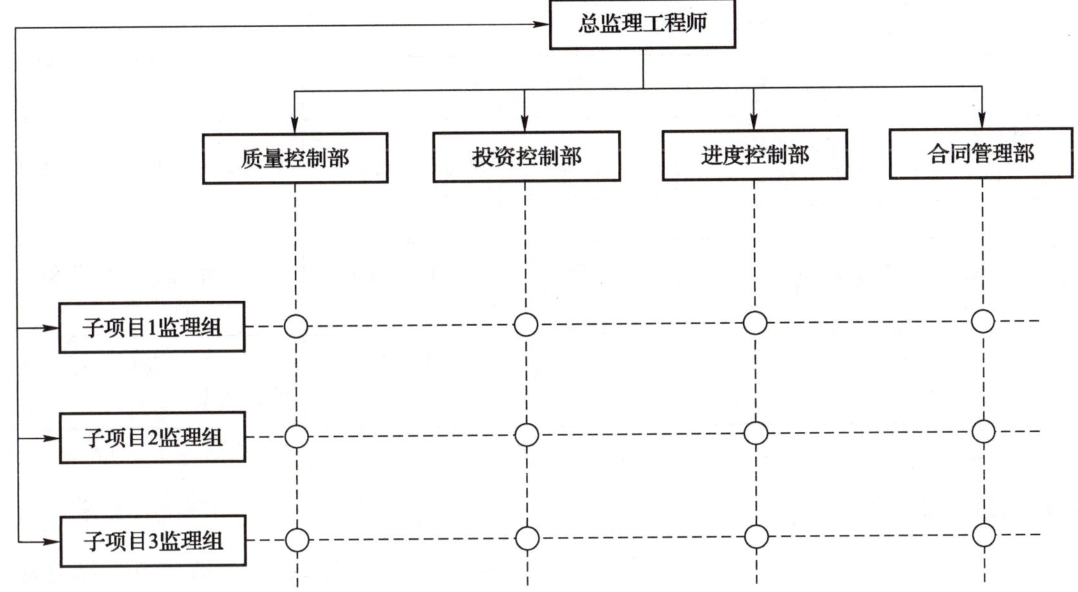

图 2-17　矩阵制监理组织形式

该组织形式的优点是有利于加强各职能部门间的横向联系、将集权和分权进行最优组合、解决复杂难题、培养监理人员的业务能力，机动性和适应性较强；其缺点是纵、横向协调的工作量较大，处理不当则会引发矛盾。

2.2.3　项目监理机构的人员配置

1. 项目监理机构的人员结构

项目监理机构的人员结构主要体现在以下两个方面。

（1）合理的专业结构。项目监理机构应由与监理项目的性质和建设单位对监理要求相适应的各专业人员组成。但当建设单位对监理工作有特殊要求或监理项目的局部有某些特殊性而需要采用某种特殊监管手段时，项目监理机构可将需要进行无损探伤的钢结构、网架等局部的、专业性强的监理工作委托给有相应资质的咨询机构，这也应视为保证了合理的专业结构。

（2）合理的技术职称结构。合理的技术职称结构表现为监理人员的高级职称、中级职称和初级职称的比例与监理工作的要求相适应。一般来说，决策和设计阶段的服务，对监理人员的职称要求较高，具有高级职称和中级职称的监理人员在所有监理人员中占比较大；在施工阶段，由于需要进行旁站、见证取样、填写日志等具体的操作工作，因此需要较多具有初级职称的监理人员。如表 2-5 所示为施工阶段监理人员的职能和职称要求。

表 2-5　施工阶段监理人员的职能和职称要求

层次	监理人员	职能	职称要求
决策层	总监理工程师、总监理工程师代表、专业监理工程师	项目监理工作的策划、规划、组织、协调、监控、评价等	高级、中级职称，以高级职称为主
中间控制层	专业监理工程师	项目监理工作实施的具体组织、指挥、控制、协调	高级、中级、初级职称，以中级职称为主
作业层	监理员	具体业务的执行	中级、初级职称，以初级职称为主

小贴士

项目监理机构的监理人员包括总监理工程师、专业监理工程师和监理员，必要时可设置总监理工程师代表。

总监理工程师是指由监理单位法定代表人书面任命，负责履行监理合同、主持项目监理机构工作的注册监理工程师。

专业监理工程师是指由总监理工程师授权，负责实施某一专业或某一岗位的监理工作，有相应监理文件签发权，具有工程类注册执业资格或具有中级及以上专业职称、2 年及以上工程实践经验并经监理业务培训的人员。

监理员是指从事具体监理工作，具有中专及以上学历并经过监理业务培训的人员。

总监理工程师代表是指经监理单位法定代表人同意，由总监理工程师书面授权，代表总监理工程师行使部分职责和权力，具有工程类注册执业资格或具有中级及以上专业职称、3 年及以上工程实践经验并经监理业务培训的人员。

2. 项目监理机构监理人员数量的影响因素

项目监理机构监理人员的数量主要受工程建设强度、工程复杂程度、监理单位的业务水平，以及项目监理机构的组织形式和任务职能分工等因素的影响。

（1）工程建设强度。工程建设强度是指单位时间内投入工程建设资金的数量，即

$$工程建设强度=投资/工期 \tag{2-1}$$

其中，投资和工期是指监理单位承担监理任务的那部分工程的建设投资和工期。投资可按工程概算投资额或合同价计算，工期可按进度总目标及其分目标计算。显然，工程建设强度越大，需要投入的人员数量就越多。

例 2-1　某工程分为 3 个子项目，合同总价为 5 400 万元，合同工期为 42 个月。其中，子项目 1 合同价为 2 000 万元，子项目 2 合同价为 1 600 万元，子项目 3 合同价为 1 800 万元。请问：该工程的工程建设强度为多少？

解： 由式（2-1）可得

$$工程建设强度=\frac{5\,400}{42}\times 12\approx 1\,542.86\text{（万元/年）}$$

（2）工程复杂程度。不同的工程，其复杂程度也不同，可由工程复杂程度等级来表示。一般来说，工程复杂程度的等级与工程的地域环境、地形条件、工程地质情况、施工方法、工期要求和材料供应等因素有关，不同等级的工程需要配备的监理人员数量也不同。

（3）监理单位的业务水平。不同的监理单位，其业务水平也不同。业务水平高的监理单位，其管理水平、专业能力、工程经验和监管手段等都要优于业务水平低的监理单位的，而且只需要分派较少的监理人员，就可完成一项工程的监理工作；反之，则需要分派较多的监理人员。

（4）项目监理机构的组织形式和任务职能分工。项目监理机构的组织形式和任务职能分工应根据工程的实际情况和监理合同的要求进行合理设置，以确保监理工作能够有序、高效地开展。当部分监理工作需要委托给专业的咨询机构或检测单位时，可根据实际情况适当减少监理人员的数量。

思想启迪

在大数据、物联网、5G 技术、云计算、装配式建筑等新技术催生的时代，技术的革新、智能建造的方式对传统建筑业生产模式产生了强烈冲击，如果监理的监管手段落后于施工单位，那么将无法对施工现场进行有效的监管。监理单位只有把握住机会，坚持改革创新，积极开展监理数智化转型升级，用现代化的技术手段实施监理，才不会被信息化时代的市场所抛弃，才能为建筑行业提质增效。

（资料来源：《关于印发工程监理数智化工作经验交流会上领导讲话的通知》，中国建设监理协会，2023 年 12 月 4 日）

2.2.4 项目监理机构监理人员的职责

项目监理机构监理人员的职责应根据工程建设阶段和工程的具体情况而定，具体如下。

1. 总监理工程师的职责

总监理工程师应履行以下职责。

（1）确定项目监理机构人员及其岗位职责。

（2）组织编制监理规划，审批监理实施细则。

（3）根据工程进展及监理工作情况调配监理人员，检查监理人员工作。

（4）组织召开监理例会。

（5）组织审核分包单位资格。

（6）组织审查施工组织设计、（专项）施工方案。

（7）审查工程开复工报审表，签发工程开工令、暂停令和复工令。

（8）组织检查施工单位现场质量、安全生产管理体系的建立及运行情况。

（9）组织审核施工单位的付款申请，签发工程款支付证书，组织审核竣工结算。

（10）组织审查和处理工程变更。

（11）调解建设单位与施工单位的合同争议，处理工程索赔。

（12）组织验收分部工程，组织审查单位工程质量检验资料。

（13）审查施工单位的竣工申请，组织工程竣工预验收，组织编写工程质量评估报告，参与工程竣工验收。

（14）参与或配合工程质量安全事故的调查和处理。

（15）组织编写监理月报、监理工作总结，组织整理监理文件资料。

小贴士

在实际工作中，总监理工程师不得将上述（2）、（6）、（11）、（13）、（14），以及（3）、（7）、（9）中应履行的部分职责委托给总监理工程师代表。其中，（3）、（7）、（9）中不得履行的部分职责分别包括：根据工程进展及监理工作情况调配监理人员；签发工程开工令、暂停令和复工令；签发工程款支付证书，组织审核竣工结算。

【案例 2-1】施工单位在预定工期前完成了某工程的施工任务。工程竣工后，建设单位需要总监理工程师参与工程竣工验收。此时，总监理工程师刚好被外派出差。为了不耽误后期工作，总监理工程师便将此次竣工验收任务交由总监理工程师代表负责。最终，总监理工程师代表顺利完成了竣工验收任务。请问：总监理工程师和总监理工程师代表的行为是否妥当？

【分析】总监理工程师和总监理工程师代表的行为均不妥。因为参与工程竣工验收是总监理工程师的职责，总监理工程师不得将该工作委托给总监理工程师代表，总监理工程师代表也不得越权代替总监理工程师履行相关职责。

2. 专业监理工程师的职责

专业监理工程师应履行以下职责。

（1）参与编制监理规划，负责编制监理实施细则。

（2）审查施工单位提交的涉及本专业的报审文件，并向总监理工程师报告。

（3）参与审核分包单位资格。

（4）指导、检查监理员工作，定期向总监理工程师报告本专业监理工作的实施情况。

（5）检查进场的工程材料、构配件、设备的质量。

（6）验收检验批、隐蔽工程、分项工程，参与验收分部工程。

（7）处置发现的质量问题和安全事故隐患。

（8）进行工程计量。

（9）参与工程变更的审查和处理。

（10）组织编写监理日志，参与编写监理月报。

（11）收集、汇总、参与整理监理文件资料。

（12）参与工程竣工预验收和竣工验收。

【案例 2-2】施工单位在施工过程中由于疏忽，导致工程出现了质量问题。监理员将该问题上报给了专业监理工程师，专业监理工程师确认情况后下达了工程暂停令。施工单位随即采取了一系列措施进行补救，并最终消除了质量问题。专业监理工程师在检查后便下达了工程复工令，批准工程复工。请问：专业监理工程师的行为是否妥当？

【分析】专业监理工程师的行为不妥。因为签发工程暂停令和工程复工令是总监理工程师的职责，专业监理工程师不得越权签发，更无权签发。

3. 监理员的职责

监理员应履行以下职责。

（1）检查施工单位投入工程的人力、主要设备的使用及运行状况。

（2）进行见证取样。

（3）复核工程计量有关数据。

（4）检查工序施工结果。

（5）发现施工作业中的问题，及时指出并向专业监理工程师报告。

创想天地

项目监理机构是实现项目管理目标的关键机制，其设计的合理性将直接影响到监理工作的效率和质量。不同项目监理机构的组织形式不同，在实际工程中的应用效果也不同。请结合工程实例，分析项目监理机构的组织形式及其面临的挑战，对项目整体进展的影响。基于上述分析结果，请提出切实可行的优化策略，以适应不断变化的工程需求。

笔记

任务2.3 建筑工程监理的组织协调

任务引入

某大型商业综合体项目已进入主体结构施工阶段。但由于多种因素的影响，项目进度稍有滞后，且在项目质量检查中还发现了几处质量不达标的问题。为解决该问题并防止类似情况再次发生，项目监理机构决定组织召开监理例会。假如你是总监理工程师，你将如何组织召开此次监理例会呢？

本任务主要介绍组织协调的概念、原则、工作内容和工作方法等内容，知识与技能要求如表2-6所示。

表2-6 知识与技能要求

任务内容	建筑工程监理的组织协调	学习程度		
		识记	理解	应用
学习任务	组织协调的概念和原则	●		
	组织协调的工作内容		●	
	组织协调的工作方法		●	
实训任务	组织召开监理例会			●
自我勉励				

任务工单——组织召开监理例会

1. 学生分组

学生以3～5人为一组，各小组选出组长并进行任务分工，将小组成员及分工情况填入表2-7中。

表2-7 小组成员及分工情况

班级		组号		指导教师	
小组成员	姓名	学号	任务分工		
组长					
组员					

2. 实施准备

（1）各小组查阅并整理相关资料，确定会议的时间、地点、参会人员，明确会议的目的、议题，然后设计会议议程，将设计好的会议议程提交给指导教师。

（2）指导教师对各小组提交的会议议程进行梳理、比较，从中选择一个最优议程，然后将其作为组织召开监理例会的实施方案。

3. 任务实施

1）开场致辞

由监理工程师简短介绍会议的目的和重要性，强调团队合作和问题解决的重要性。

2）各单位依次汇报

按会议议程安排，各单位依次进行汇报。汇报顺序一般为施工单位、项目监理机构、建设单位。

（1）施工单位汇报内容：______________________________

______________________________。

（2）项目监理机构汇报内容：______________________________

______________________________。

（3）建设单位汇报内容：____。

3）问题讨论

（1）项目进度问题。根据施工单位的汇报内容，各单位共同分析项目进度滞后的原因。项目进度滞后的原因：____。

（2）项目质量问题。根据项目质量检查结果，各单位共同分析项目质量问题的产生原因。项目质量问题的产生原因：____。

4）解决方案确定

根据原因分析的结果，组织参会人员讨论并确定解决方案。解决方案：____。将讨论确定的解决方案形成具体的改进计划。改进计划：____，并经过参会人员审议和确认。

5）闭幕总结

由总监理工程师对会议进行总结，再次强调团队合作和持续改进的重要性，并鼓励参会人员积极落实改进计划。

6）会议纪要整理

会议结束后，项目监理机构对会议内容进行整理和记录，形成会议纪要，与会单位会签。会议纪要的内容：____。

7）任务总结

____。

2.3.1 组织协调的概念和原则

1. 组织协调的概念

组织协调是指根据组织目标对资源进行分配，同时控制、激励和协调群体活动，使之相互融合，从而实现组织目标的过程。项目在运行过程中，涉及建设单位、设计单位、施工单位、材料供应单位等多方面的关系，为了处理好这些关系，实现项目的预期目标，组织协调工作是必不可少的。

2. 组织协调的原则

（1）以监理合同为工作依据。监理人员在履行监理合同中约定的义务时，应在建设单位的授权范围内，采取合理的工作方式和秉持谨慎的工作态度，为建设单位提供优质化服务。

（2）规范化、标准化工作。监理人员应严格按有关法律法规、技术规范、合同文件，以及监理工作文件中规定的内容、方法和程序等对项目进行检查、监督或评审。

（3）正确把握监理权力。根据监理制度的规定和监理合同的授权，监理人员在工作中应正确把握和使用建设单位赋予的权力，不得侵权、越权、畏权。

（4）不应替代原则。监理人员在对承包单位的工作进行检查和监督时，不得替代承包单位应承担的义务，也不得妨碍承包单位根据工作目标所发出的指令。

（5）制度化、程序化监理。监理工作的开展应以工程建设管理的各项规章制度为依据，建立监理的工作制度和工作程序，并以此为约束，协调工程建设各相关方的工作关系，进而推动工程的顺利实施。

2.3.2 组织协调的工作内容

组织协调的工作内容主要包括项目监理机构内部协调、项目监理机构近外层协调、项目监理机构远外层协调。

1. 项目监理机构内部协调

项目监理机构内部协调主要包括项目监理机构内部人际关系的协调、项目监理机构内部组织关系的协调、项目监理机构内部需求关系的协调。

1）项目监理机构内部人际关系的协调

人际关系的协调在很大程度上影响着项目监理机构的工作效率。总监理工程师首先应做好人际关系的协调工作，在人员安排上应量才录用，在工作委任上应职责分明，在成绩评价上应实事求是，在矛盾调解上应恰到好处。

2）项目监理机构内部组织关系的协调

项目监理机构是由若干部门组成的工作体系。每个部门都有各自的目标任务，若每个部门都认真履行自己的职责，则整个工作体系就会处于一种有序的良性状态。项目监理机构内部组织关系的协调可通过在职能划分的基础上设置组织机构，明确规定每个部门的目标、职责和权限，事先约定各个部门在工作中的相互关系，建立信息沟通制度，及时消除工作中的矛盾或冲突等方面开展实施。

3）项目监理机构内部需求关系的协调

在监理工作过程中，对于人员、设备、材料等的需求，应在保证内部需求平衡的情况下合理配置。项目监理机构内部需求关系的协调可通过平衡监理设备和材料、平衡监理人员两个方面开展实施。

2. 项目监理机构近外层协调

1）与建设单位的协调

与建设单位的协调是监理工作的重点和难点。监理工程师应从以下几个方面加强与建设单位的协调：理解工程总目标和建设单位的意图；尊重建设单位，让建设单位一起参与工程建设全过程；利用工作之便做好监理宣传工作，增进建设单位对监理工作的理解，帮助建设单位处理一些事务性工作，以促进双方工作的顺利开展。

2）与承包单位的协调

与承包单位的协调是监理工程师组织协调工作的重要内容，也是监理工作顺利进行的重要保障。监理工程师应从以下几个方面加强与承包单位的协调：坚持原则，实事求是，严格按规范、规程工作，讲究科学态度；注意协调的方式和方法，以及情感的表达；在施工阶段，及时协调进度问题、质量问题、合同争议等。

3）与设计单位的协调

做好与设计单位的协调工作，可加快工程进度、确保工程质量、降低消耗。监理工程师应从以下几个方面加强与设计单位的协调：尊重设计单位的意见；对于施工中发现的设计问题，应及时向设计单位提出，以免造成较大损失；注意信息传递的及时性和程序性。

小贴士

监理单位和设计单位均受建设单位委托，两者之间没有合同关系。因此，要想做好监理单位和设计单位之间的交流工作，就必须依靠建设单位的支持、协调。《建筑法》规定：“工程监理人员发现工程设计不符合建筑工程质量标准或者合同约定的质量要求的，应当报告建设单位要求设计单位改正。”

3. 项目监理机构远外层协调

1）与政府部门的协调

工程建设过程中避免不了要与政府部门打交道，做好与政府部门的协调工作，有利于工程的顺利实施。与政府部门的协调主要包括以下几个方面：当进行工程质量控制和质量问题处理时，监理单位应做好与工程质量监督站的交流和协调；当发生重大质量事故、安全事故时，监理单位应督促承包单位立即向政府部门报告情况，并接受检查和处理；当协助建设单位开展征地、拆迁、移民等工作时，监理单位应争取政府部门的支持和协作；当工程施工时，监理单位应督促承包单位注意保护环境，坚持做到文明施工。

2）与社会团体的协调

一个大中型工程项目建成后，不仅对建设单位有利，还对项目所在地区的经济发展有利，同时也会给当地居民的生活带来便利，因此必然会引起社会各界的关注。建设单位和监理单位应把握好机会，做好协调工作，争取社会各界对工程项目建设的关心和支持。

2.3.3 组织协调的工作方法

会议协调法

组织协调的工作方法主要包括会议协调法、交谈协调法、书面协调法、访问协调法、情况介绍法等。如表 2-8 所示为组织协调的工作方法及其内容。

表 2-8 组织协调的工作方法及其内容

工作方法	内容
会议协调法	它是监理工作中最常用的一种协调方法，包括第一次工地会议、监理例会、专题会议等
交谈协调法	它包括面对面交谈和电话交谈两种协调形式。该方法有利于双方及时进行信息互通；有利于寻求协作和帮助，及时了解对方的反应和意见；有利于正确、及时地发布工程指令
书面协调法	当不需要或不方便进行会议或交谈，或者需要精确地表达自己的意见时，可以采用书面协调法。该方法具有合同效力，一般常用于不需要双方直接交流的书面报告、指令，以及事后对会议纪要的书面确认等
访问协调法	它包括走访和邀访两种协调形式，主要用于外部协调。该方法有利于向对方解释建筑工程的具体情况，及时了解对方的意见；有利于对方了解施工现场的实际情况
情况介绍法	它通常和其他协调方法结合在一起，可以是一次会议前、一次交谈前或一次访问前向对方进行的情况介绍。该方法在形式上主要以口头协调为主，以书面协调为辅，目的是让对方首先了解情况

创想天地

在监理工作中，组织协调能力不仅是确保工程项目顺利进行的基础，还是提升工作效率、优化资源配置、解决突发问题和促进团队协作的关键。通过有效的组织协调，监理人员能更好地控制工程进度、质量和成本，从而保障工程的顺利实施和既定目标的成功实现。请结合工程实例，探讨有效提升监理人员组织协调能力的方法和措施。

项目知识检测

1. 填空题

（1）项目监理机构的人员结构主要体现在________________和________________两个方面。

（2）项目监理机构监理人员的数量主要受________________、________________、________________，以及____________________________等因素的影响。

（3）组织协调的工作内容主要包括___________________、___________________、___________________。

（4）组织协调的工作方法主要包括___________________、___________________、___________________、___________________、___________________等。

2. 选择题

（1）在设计项目监理机构组织架构时，首先应选择组织形式，然后应（　　）。

A．确定岗位职责和考核标准　　B．确定管理层次和管理跨度

C．划分项目监理机构部门　　D．选派监理人员

（2）关于项目监理机构总监理工程师的职责，下列选项中正确的是（　　）。

A．组织编写监理日志，参与编写监理月报

B．复核工程计量有关数据

C．组织验收分部工程，组织审查单位工程质量检验资料

D．处置发现的质量问题和安全事故隐患

（3）（　　）的协调可通过平衡监理设备和材料、平衡监理人员两个方面开展实施。

A．项目监理机构内部需求关系　　B．项目监理机构内部人际关系

C．监理单位与设计单位　　D．监理单位与建设单位

（4）下列选项中，不属于会议协调法的是（　　）。

A．第一次工地会议　　B．会议纪要的书面确认

C．监理例会　　D．专题会议

3. 简答题

（1）简述平行承发包模式的优点。

（2）简述项目监理机构的管理层次。

（3）简述矩阵制监理组织形式的优点。

（4）简述专业监理工程师的职责。

学习成果评价

指导教师对学生的实际学习成果进行评价，学生配合指导教师共同完成表 2-9。

表 2-9　学习成果评价表

班级		组号		日期	
姓名		学号		指导教师	
学习成果名称	建筑工程监理组织				
评价项目	评价内容	评价方式	满分/分	评分/分	
知识（40%）	平行承发包模式下的监理模式	理论测试	4		
	设计或施工总分包模式下的监理模式		4		
	工程总承包模式下的监理模式		4		
	工程总承包管理模式下的监理模式		4		
	项目监理机构的概念，以及建立项目监理机构的步骤		4		
	项目监理机构的组织形式		4		
	项目监理机构的人员配置		4		
	项目监理机构监理人员的职责		2		
	组织协调的概念和原则		2		
	组织协调的工作内容		4		
	组织协调的工作方法		4		
技能（40%）	选择建筑工程承发包模式与监理模式	实践操作	10		
	组建项目监理机构		15		
	组织召开监理例会		15		
素养（20%）	积极参加教学活动，主动学习、思考、讨论	综合评判	5		
	认真负责，按时完成学习、实践任务		5		
	团结协作，与组员之间密切配合		4		
	服从指挥，遵守课堂纪律		4		
	守正创新，自信自强		2		
合计			100		
自我评价					
指导教师评价					

项目 3

建筑工程目标控制

项目导读

建筑工程目标控制是确保建筑工程项目顺利实施的关键。它包括建筑工程造价控制、建筑工程进度控制和建筑工程质量控制，这三大控制目标彼此之间相互依赖、相互制约。在工程建设过程中，只有统筹兼顾这三大控制目标，才能完成建筑工程目标控制的根本任务，从而达到预定的控制目标。

本项目主要介绍建筑工程造价控制、进度控制、质量控制的相关内容。通过本项目的学习，学生应熟悉建筑工程施工阶段造价控制的监理工作，并具备编制资金使用计划的能力。

项目目标

知识目标

（1）了解建筑工程造价控制的概念和动态原理，建筑工程进度控制的概念和表示方法，以及建筑工程质量控制的概念和依据。

（2）掌握建筑工程施工准备阶段和施工阶段的造价控制、进度控制、质量控制的工作流程和工作内容。

（3）掌握建筑工程质量缺陷和事故的处理方法。

技能目标

（1）能编制资金使用计划。

（2）能审核施工进度计划。

（3）能处理工程质量事故。

素质目标

（1）培养科学严谨、精益求精的工作态度。

（2）弘扬团结协作、携手并进的团队精神。

任务 3.1 建筑工程造价控制

任务引入

某施工单位承包了某大学新校区的建设项目，在新校区中拟建宿舍楼、教学楼、图书馆、实验楼等多个建筑物。各建筑物的建设都包括较多且较复杂的分部工程，如土建工程、安装工程等。各分部工程又包括多个分项工程，如地基与基础工程、主体结构工程等。各分项工程又包括多个操作环节，如在地基与基础工程的施工过程中进行土方开挖、土方回填等。各个操作环节均会对工程建设资金的分配和使用效率产生影响。面对如此繁杂的工作，为了能更好地进行建筑工程造价控制，监理工程师该如何编制资金使用计划呢？

本任务主要介绍建筑工程造价控制的概念和动态原理，施工准备阶段和施工阶段的造价控制等内容，知识与技能要求如表 3-1 所示。

表 3-1 知识与技能要求

任务内容	建筑工程造价控制	学习程度		
		识记	理解	应用
学习任务	建筑工程造价控制概述	●		
	施工准备阶段的造价控制		●	
	施工阶段的造价控制		●	
实训任务	编制资金使用计划			●
自我勉励				

任务工单——编制资金使用计划

1. 学生分组

学生以3～5人为一组，各小组选出组长并进行任务分工，将小组成员及分工情况填入表3-2中。

表3-2 小组成员及分工情况

班级		组号		指导教师	
小组成员	姓名	学号	任务分工		
组长					
组员					

2. 实施准备

（1）各小组查阅并整理相关资料，确定项目的最终目标和范围，然后确定资金使用计划的编制方案，将编制方案提交给指导教师。

（2）指导教师对各小组提交的编制方案进行梳理、比较，从中选择一个最优方案，然后将其作为编制资金使用计划的实施方案。

3. 任务实施

1）分析项目组成

分析整个项目的组成部分。

（1）该项目的单位工程包括：____

____。

单位工程的特点：____

____。

（2）该项目的分部工程包括：____

____。

分部工程的特点：____

____。

（3）该项目的分项工程包括：____
____。
分项工程的特点：____
____。

2）制订初步的资金使用计划

（1）估算各项工程成本。根据有关资料和信息，对各项工程的费用进行初步估算。各项工程成本包括：____
____
____。

（2）根据项目进度和预算，初步安排资金的使用计划，确保资金在需要时能够及时到位。初步的资金使用计划：____
____。

3）评估和调整资金使用计划

对资金使用计划进行风险评估，识别可能的风险因素。风险因素包括：__________
____。
根据风险评估结果，对资金使用计划进行调整。调整内容：____________________
____。

4）确定资金使用计划表

确定最终的资金使用计划，如表3-3所示。

表3-3 资金使用计划表

序号	工程分项编号	工程内容	计量单位	工程数量	单价	工程分项总价	备注

5）任务总结

____
____
____
____。

3.1.1　建筑工程造价控制概述

1. 建筑工程造价控制的概念

建筑工程造价控制是指从项目立项直至建成、竣工验收为止的整个建设期间，把项目投资额控制在批准的限额内，及时纠正出现的偏差，以确保实现项目的投资管理目标。

2. 建筑工程造价控制的动态原理

如图3-1所示为建筑工程造价控制的动态原理。建筑工程造价控制是一种动态控制，贯穿于项目建设的全过程。在项目建设过程中，投入人力、物力、财力的同时，应事先分析各种可能产生偏差的原因。收集投资实际支出数据，并比较投资实际值与计划值，若投资实际值与计划值没有偏差，则项目可继续实施；若投资实际值与计划值有偏差，则应分析产生偏差的原因并采取相应的纠偏措施。

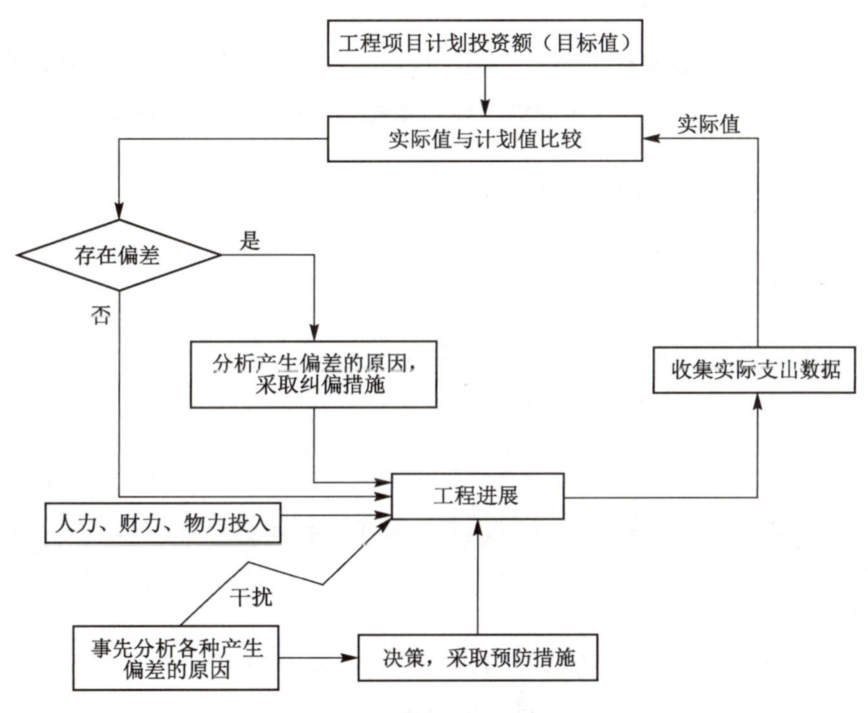

图3-1　建筑工程造价控制的动态原理

3.1.2　施工准备阶段的造价控制

施工准备阶段是指承包单位进驻施工现场，开展各项施工前的准备工作阶段。该阶段造价控制的目的是进行建筑工程风险预测，并采取相应的防范性对策，尽量减少施工单位提出索赔的可能。该阶段造价控制的监理工作主要如下。

（1）审查施工单位提交的备料款、工程开工前的预付款和工程进度款支付计划等。工程预付款是在施工合同签订后由建设单位按合同约定，在正式开工前预先支付给承包单位的工程款。预付时间应不迟于约定的开工日期前 7 天。建设单位在收到通知后仍不能按要求预付，承包单位可在发出通知后 7 天停止施工，建设单位应从约定应付之日起向承包单位支付应付的贷款利息，并承担违约责任。

（2）熟悉设计图纸、设计要求和标书等，分析合同价的构成因素，确定造价控制的重点。

（3）预测工程风险和可能发生索赔的诱因，制订防范性对策，以减少向建设单位索赔事件的发生。

（4）按合同要求，如期提供施工现场，按期、保质、保量地向施工现场供应由建设单位负责的建筑材料、设备，及时提供设计图纸等技术资料，以避免违约导致索赔。

3.1.3　施工阶段的造价控制

1．施工阶段造价控制的工作流程

如图 3-2 所示为施工阶段造价控制的工作流程。

2．施工阶段造价控制的监理工作

施工阶段是整个工程项目资金投入比例最大的阶段，也是消耗人力、物力、财力最多的阶段。因此，做好施工阶段的造价控制对整个工程建设过程至关重要。该阶段造价控制的监理工作主要如下。

1）编制资金使用计划

在施工阶段进行造价控制的基础和前提是合理确定资金使用计划。在编制资金使用计划过程中最重要的步骤是造价目标的分解。造价目标的分解按造价控制目标和要求的不同，可分为按投资构成分解、按子项目分解和按时间进度分解 3 类，如表 3-4 所示。

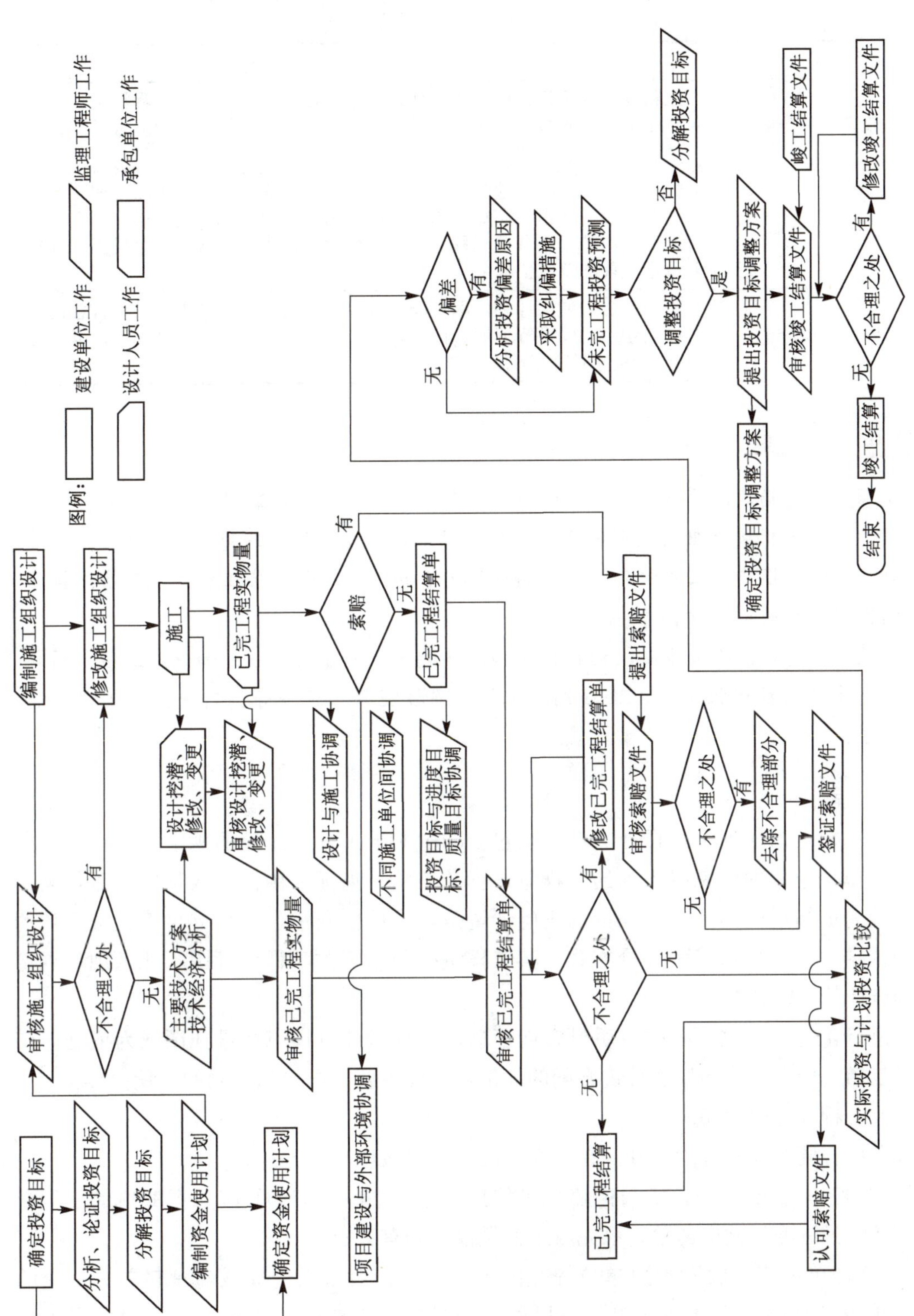

图3-2 施工阶段造价控制的工作流程

表 3-4　造价目标的分解

类型	内容
按投资构成分解	工程项目的投资构成主要包括建筑工程投资、建筑安装工程投资、设备及工器具购置投资、工程建设其他投资。该分解方式比较适合于有大量经验数据的工程项目
按子项目分解	大中型的工程项目通常由若干个单项工程组成，而每个单项工程又由若干个单位工程组成，每个单位工程又由若干个分部工程组成，每个分部工程又由若干个分项工程组成。该分解方式主要是将项目总投资分解到单项工程和单位工程中
按时间进度分解	为编制资金使用计划，尽可能地减少资金占用和利息支出，项目总投资可按使用时间进行分解。该分解方式需要先确定施工进度计划，再按时间-投资累计曲线确定投资计划

小贴士

单项工程是指建成后可独立发挥生产能力或效益的工程，如某综合楼、某车间等。

单位工程是指按专业划分可独立施工的工程，如土建工程、给排水工程等。

分部工程是指单位工程中分解出来的结构更小的工程，如单位工程“主厂房汽机间上部结构”中的固定端结构等。

分项工程是指按施工方法、材料种类和规格进一步划分的工程，如分部工程“固定端结构”中的梁柱模板工程、梁柱钢筋工程、梁柱混凝土工程等。它是分部工程的进一步划分。

2）工程计量

工程计量是指根据工程设计文件及承包合同中关于工程量计算的规定，项目监理机构对承包单位申报的已完成工程的工程量进行的核验、见证，由监理人员现场监督某工序全过程完成情况的活动。工程量的正确计量是建设单位向承包单位支付工程进度款的前提和依据。无论采用何种计价方式，其工程量必须按相关工程现行国家计量规范规定的工程量计算规则计算。

在进行工程计量时，必须以质量合格证书、工程量计算规范和设计图纸为依据。工程计量包括单价合同的计量和总价合同的计量。下面主要介绍单价合同的计量内容。

（1）工程计量的程序。

除专用合同条款另有约定外，单价合同的计量应按以下约定执行。

① 承包单位应于每月 25 日向监理单位报送上月 20 日至当月 19 日已完成的工程量报告，并附具进度付款申请单、已完成工程量报表和有关资料。

② 监理单位应在收到承包单位提交的工程量报告后 7 天内完成对承包单位提交的工程量报表的审核并报送建设单位，以确定当月实际完成的工程量。监理单位对工程量有异议的，有权要求承包单位进行共同复核或抽样复测。承包单位应协助监理单位

进行复核或抽样复测，并按监理单位要求提供补充计量资料。承包单位未按监理单位要求参加复核或抽样复测的，监理单位复核或修正的工程量视为承包单位实际完成的工程量。

③ 监理单位未在收到承包单位提交的工程量报表后的 7 天内完成审核的，承包单位报送的工程量报告中的工程量视为承包单位实际完成的工程量，并据此计算工程价款。

（2）工程计量的方法。

一般而言，监理工程师进行计量的工程项目只有工程量清单中的全部项目、合同文件中约定的项目和工程变更项目，在对这些工程项目进行计量时，应根据具体的计量内容选择合适的计量方法。工程计量的方法主要有均摊法、凭据法、估价法、断面法、图纸法和分解计量法，如表 3-5 所示。

表 3-5 工程计量的方法

方法	内容
均摊法	均摊法是对工程量清单中某些项目的合同价款，按合同工期平均计量支付。例如，保养测量设备、维护工地整洁等项目的费用主要采用均摊法进行计量支付
凭据法	凭据法是按承包单位提供的凭据进行计量支付。例如，建筑工程保险费、第三方责任险、履约保证金等项目的费用主要采用凭据法进行计量支付
估价法	估价法是按合同文件中的规定，根据监理工程师估算的已完成的工程价值进行计量支付。例如，为监理人员提供测量设备、天气记录设备等项目的费用主要采用估价法进行计量支付
断面法	断面法主要用于取土坑或填筑路堤土方的计量
图纸法	在工程量清单中，许多项目都按设计图纸所示的尺寸进行计量。例如，混凝土构筑物的体积、钻孔桩桩长等项目的费用主要采用图纸法进行计量支付
分解计量法	分解计量法是将一个项目根据工序或部位分解成若干子项，从而对已完成的子项进行计量支付。该方法主要是为了解决一些包干项目或较大的工程项目的支付时间过长，影响承包单位的资金流动等问题

3）工程款支付

工程款主要包括工程预付款、工程进度款、竣工结算款、质量保证金等。监理工程师应做好工程款的支付工作，具体如下。

（1）工程预付款的扣回。

随着工程进度的推进，建设单位会按合同约定的时间和比例，从每一个支付期应支付给承包单位的工程进度款中扣回一部分工程预付款，直至扣回的金额达到合同约定的工程预付款金额为止。工程预付款应在合同中约定扣回方式，常用的扣回方式包括等比率或等额扣款、确定起扣点后分次扣款等。其中，等比率或等额扣款是指按合同约定，在承包单位完成金额累计达到合同总价的一定比例后，采用等比率或等额扣款分期抵扣的扣款方式；确定起扣点后分次扣款是指从未完施工工程尚需的主要材料及构件的价值相当于工程预付款数额时起扣，从每次中间结算工程价款中，按材料及构件比重抵扣工程预付款，至竣工之前全部扣清的扣款方式。确定起扣点后分次扣款的基本计算公式如下。

① 起扣点的计算公式。

$$T = P - \frac{M}{N} \tag{3-1}$$

式中：

T ——起扣点，即工程预付款开始扣回的累计已完工程价值；

P ——承包工程合同总额；

M ——工程预付款数额；

N ——主要材料及构件所占比重。

② 第 1 次扣还工程预付款数额的计算公式。

$$a_1 = \left(\sum_{i=1}^{n} T_i - T\right) \times N \tag{3-2}$$

式中：

a_1 ——第 1 次扣还工程预付款数额；

$\sum_{i=1}^{n} T_i$ ——累计已完工程价值。

③ 第 2 次及以后各次扣还工程预付款数额的计算公式。

$$a_i = T_i \times N \tag{3-3}$$

式中：

a_i ——第 i 次扣还工程预付款数额（$i > 1$）；

T_i ——第 i 次扣还工程预付款数额时，当期结算的已完工程价值。

例 3-1 某工程合同总额为 1 200 万元，工程预付款的比例为 15%，主要材料及构件所占比重为 60%。请问：当采用确定起扣点后分次扣款的方式时，起扣点为多少？当累计已完工程价值达到 1 000 万元时，建设单位第 1 次扣还工程预付款数额为多少？

解： 由于该工程合同总额为 1 200 万元，工程预付款的比例为 15%，因此该工程预付款数额为 $1\,200 \times 15\% = 180$（万元）。

由式（3-1）可得，起扣点为

$$T = 1\,200 - \frac{180}{60\%} = 900 \text{（万元）}$$

由式（3-2）可得，第 1 次扣还工程预付款数额为

$$a_1 = (1\,000 - 900) \times 60\% = 60 \text{（万元）}$$

（2）工程进度款的支付。

由于建筑工程具有投资大、施工周期长等特点，因此合同价款的履行顺序主要通过“阶段小结、最终结清”实现。当承包单位完成一定阶段的工程量后，建设单位应按合同约

定履行支付工程进度款的义务。工程进度款支付周期应与合同约定的工程计量周期一致。

① 工程进度款的结算方式包括按月结算与支付、分段结算与支付。其中，按月结算与支付是一种按月支付工程进度款，竣工后结算的方式；分段结算与支付是一种按工程形象进度将当年开工、当年不能竣工的工程划分为不同阶段，支付工程进度款的方式。需要注意的是，当采用分段结算与支付的方式时，应在合同中约定具体的工程分段划分方法。

② 承包单位应在每个工程计量周期到期后的 7 天内向建设单位提交已完工程进度款支付申请。建设单位在收到承包单位工程进度款支付申请后的 14 天内，根据计量结果和合同约定对申请内容予以核实，确认后向承包单位出具工程进度款支付证书。若建设单位逾期未签发工程进度款支付证书，则视为建设单位已认可承包单位提交的工程进度款支付申请，此时承包单位可向建设单位发出催告付款的通知。建设单位应在收到通知后的 14 天内，按承包单位支付申请的金额向承包单位支付工程进度款。建设单位未按规定支付工程进度款的，承包单位可催告建设单位支付，并有权获得延迟支付的利息。建设单位在付款期满后的 7 天内仍未支付的，承包单位可在付款期满后的第 8 天起暂停施工。建设单位应承担由此增加的费用和延误的工期，向承包单位支付合理利润，并承担相应的违约责任。

小贴士

工程形象进度是指用文字或实物工程量的百分数，简明扼要地表明工程在一定时间点上达到的形象部位和总进度，如基础回填土完成 80%等。它是表明工程活动进度的主要指标之一，也是领导及时掌握工程完成情况直观有效的信息。

（3）质量保证金的扣留和退还。

质量保证金是指建设单位与承包单位在合同中约定，从应付的工程款中预留的用以保证承包单位在缺陷责任期内对建筑工程出现的缺陷进行维修的资金。在工程竣工前，承包单位已经履约担保的，建设单位不得同时预留质量保证金。承包单位提供质量保证金有以下 3 种方式：质量保证金保函、相应比例的工程款、双方约定的其他方式。除专用合同条款另有约定外，质量保证金原则上采用第 1 种方式。

质量保证金

① 质量保证金的扣留。质量保证金的扣留有以下 3 种方式：在支付工程进度款时逐次扣留，在此情形下质量保证金的计算基数不包括预付款的支付、扣回及价格调整的金额；工程竣工结算时一次性扣留质量保证金；双方约定的其他扣留方式。除专用合同条款另有约定外，质量保证金的扣留原则上采用第 1 种方式。

② 质量保证金的退还。建设单位应按合同约定方式预留质量保证金，质量保证金总预留比例不得高于工程价款结算总额的 3%。缺陷责任期内，承包单位认真履行合同约定的责任，到期后承包单位向建设单位申请返还质量保证金。建设单位在接到承包单位返还质量保证金申请后，应于 14 天内会同承包单位按合同约定的内容进行核实。如无异

议，建设单位应当按约定将质量保证金返还给承包单位。对返还期限没有约定或约定不明确的，建设单位应当在核实后 14 天内将质量保证金返还承包单位，逾期未返还的，依法承担违约责任。建设单位在接到承包单位返还质量保证金申请后 14 天内不予答复，经催告后 14 天内仍不予答复，视同认可承包单位的返还质量保证金申请。

建设单位和承包单位对质量保证金预留、返还，以及工程维修质量、费用有争议的，按承包合同约定的争议和纠纷解决程序处理。

小贴士

缺陷是指工程质量不符合工程建设强制性标准、设计文件，以及承包合同的约定。缺陷责任期从工程通过竣工验收之日起计，通常为 1 年，最长不超过 2 年，由建设单位和承包单位在合同中约定。由承包单位原因导致工程无法按规定期限进行竣工验收的，缺陷责任期从实际通过竣工验收之日起计。由建设单位原因导致工程无法按规定期限进行竣工验收的，在承包单位提交竣工验收报告 90 天后，工程自动进入缺陷责任期。

缺陷责任期内，由承包单位原因造成的缺陷，承包单位应负责维修并承担鉴定及维修费用。若承包单位不维修也不承担费用，则建设单位可按合同约定从质量保证金或银行保函中扣除，费用超出质量保证金额的，建设单位可按合同约定向承包单位进行索赔。承包单位维修并承担相应费用后，不免除对工程的损失赔偿责任。由他人原因造成的缺陷，建设单位负责组织维修，承包单位不承担费用，且建设单位不得从质量保证金中扣除费用。

（4）竣工结算款的支付。

工程竣工后，建设单位和承包单位必须在合同约定时间内办理工程竣工结算。承包单位应根据办理的竣工结算文件，向建设单位提交竣工结算款支付申请。

小贴士

竣工结算款支付申请的内容包括竣工结算合同价款总额、累计已实际支付的合同价款、应预留的质量保证金和实际应支付的竣工结算款金额。

建设单位应在收到承包单位提交竣工结算款支付申请后 7 天内予以核实，向承包单位签发竣工结算支付证书，并在签发竣工结算支付证书后的 14 天内，按竣工结算支付证书中列明的金额向承包单位支付竣工结算款。

建设单位在收到承包单位提交的竣工结算款支付申请后 7 天内不予核实，不向承包单位签发竣工结算支付证书的，视为建设单位已认可承包单位提交的竣工结算款支付申请。建设单位应在收到承包单位提交的竣工结算款支付申请 7 天后的 14 天内，按承包单位提交的竣工结算款支付申请中列明的金额向承包单位支付竣工结算款。若建设单位逾期未支付，则应承担相应的违约责任。

建设单位未按上述规定支付竣工结算款的，承包单位可催告建设单位支付，并有权获得延迟支付的利息。建设单位在竣工结算支付证书签发后或在收到承包单位提交的竣工结算款支付申请7天后的56天内仍未支付的，除法律另有规定外，承包单位可与建设单位协商将该工程折价，也可直接向人民法院申请将该工程依法拍卖。承包单位应就该工程折价或拍卖的价款优先受偿。

4）工程变更

工程变更是指在工程项目实施过程中，按合同约定的程序对工程的设计和实施做出的改变。建设单位和监理单位均可提出变更，但变更指示应由监理单位在经建设单位同意后发出，承包单位在收到经建设单位签认的变更指示后，方可实施变更。未经许可，承包单位不能擅自对工程的任何部分进行变更。涉及设计变更的，应由设计单位提供变更后的图纸和说明。

承包单位应在收到变更指示后14天内，向监理单位提交变更估价申请。监理单位应在收到承包单位提交的变更估价申请后7天内完成审查并报送建设单位，若监理单位对变更估价有异议，则应通知承包单位进行修改，修改后重新提交。建设单位应在承包单位提交变更估价申请后14天内完成审批。若建设单位逾期未完成审批或未提出异议，则视为认可承包单位提交的变更估价申请。

5）工程索赔

工程索赔是指在合同履行过程中，合同当事人的一方因对方未履行或不能正确履行义务而受到损失时，向对方提出的赔偿要求。费用索赔是一种经济补偿行为，并非惩罚。项目监理机构应及时收集、整理有关工程费用的原始资料（如施工合同、采购合同、工程变更单等），为处理工程索赔提供证据。

工程索赔主要分为建设单位向承包单位索赔和承包单位向建设单位索赔两类。如表3-6所示为工程索赔的类型及内容。

表3-6 工程索赔的类型及内容

类型	内容
建设单位向承包单位索赔	（1）工期延误索赔 （2）质量不满足合同要求索赔 （3）承包单位不履行的保险费用索赔 （4）对超额利润的索赔 （5）建设单位合理终止合同或承包单位不正当地放弃工程的索赔
承包单位向建设单位索赔	（1）不利的自然条件与人为障碍引起的索赔 （2）工程变更引起的索赔 （3）工程延期引起的索赔 （4）加速施工费用的索赔 （5）建设单位不正当地终止工程而引起的索赔 （6）法律、货币和汇率变化引起的索赔 （7）拖延支付工程款的索赔 （8）特别事件引起的索赔

【案例 3-1】某市拟新建一个大型商场，建筑面积为 20 000 m^2，工期为 2 年，开工日期为 2021 年 6 月 20 日，计划竣工日期为 2023 年 6 月 20 日。建设单位与承包单位在开工前协商，并达成如下协议：建设单位将该项目的玻璃幕墙工程单独发包给专业公司施工，并支付承包单位该项目价格的 1.5%作为管理配合费，专业公司按承包单位管理要求的日期进场，有关工程款由建设单位直接支付给专业公司。

承担玻璃幕墙工程的专业公司根据承包单位的管理要求，于 2022 年 4 月 20 日进场施工，该专业公司因建设单位未按双方签署的合同约定支付工程款而在 2022 年 7 月 10 日停工，直至 2022 年 12 月 10 日玻璃幕墙工程才恢复施工，整个项目也因此延期了 5 个月。

2023 年 5 月 20 日，建设单位检查发现该项目的屋面工程砌筑质量不合格，便要求承包单位返工，直至 2023 年 10 月 20 日承包单位才合格地完成砌筑任务，整个项目又因此延期了 5 个月。

最终，该项目在 2024 年 4 月 20 日竣工。

请问：在该项目的建设过程中，发生了两次工程延期，在这两次工程延期中，承包单位可向建设单位提出的索赔有哪些？建设单位可向承包单位提出的索赔有哪些？

【分析】（1）承包单位可因玻璃幕墙工程停工，向建设单位提出工程索赔，这是由建设单位拖延支付工程款造成的。

（2）建设单位可因屋面工程砌筑质量不合格，向承包单位提出工程索赔，这是由承包单位的施工质量不满足合同要求造成的。

创想天地

建筑工程造价控制不仅能有效确保工程项目的经济性和合理性，防止造价超支，还能确保工程在预定的造价范围内高质量完成，为项目的长期效益奠定坚实基础。请结合工程实例，探讨在建筑工程造价控制中，监理人员应如何识别和应对潜在的造价风险？此外，在出现成本超支的情况下，监理人员应采取哪些措施来调整造价控制方案？

任务 3.2　建筑工程进度控制

任务引入

某大型商业综合体项目总投资 15 亿元，建筑面积约 5 万平方米，工期为 3 年，涉及结构工程、给排水工程、机电工程、装饰工程、景观绿化工程等多项工程。该项目工期十分紧张，因此对施工进度计划的科学性和合理性均提出了较高的要求。试分析，项目监理机构该如何审核该项目的施工进度计划？

本任务主要介绍建筑工程进度控制的概念，建筑工程进度计划的表示方法，施工准备阶段和施工阶段的进度控制等内容，知识与技能要求如表 3-7 所示。

表 3-7　知识与技能要求

任务内容	建筑工程进度控制	学习程度		
		识记	理解	应用
学习任务	建筑工程进度控制概述	●		
	施工准备阶段的进度控制		●	
	施工阶段的进度控制		●	
实训任务	审核施工进度计划			●
自我勉励				

任务工单——审核施工进度计划

1. 学生分组

学生以3～5人为一组，各小组选出组长并进行任务分工，将小组成员及分工情况填入表3-8中。

表3-8 小组成员及分工情况

班级		组号		指导教师	
小组成员	姓名	学号	任务分工		
组长					
组员					

2. 实施准备

（1）各小组查阅并整理相关资料，熟悉项目的基本情况，确定审核的目标和要求，然后设计审核方案，将设计好的审核方案提交给指导教师。

（2）指导教师对各小组提交的审核方案进行梳理、比较，从中选出一个最优方案，然后将其作为审核施工进度计划的实施方案。

3. 任务实施

1）接收施工进度计划

接收施工单位报送的总进度计划或分阶段进度计划（如季度计划、月度计划）。

2）审核施工进度计划并提出审核意见

对施工进度计划进行审核，审核过程主要如下。

（1）审核施工进度计划的编制依据是否合理。

① 是，此项审核通过。

② 否，此项审核不通过，不通过的原因：____。审核意见：____。

（2）审核施工进度计划在编制过程中所使用的计算方法是否合理。

① 是，此项审核通过。

② 否，此项审核不通过，不通过的原因：____。审核意见：____。

(3) 审核施工总进度计划与合同工期是否对应。

① 是，此项审核通过。

② 否，此项审核不通过，不通过的原因：______________________________

______________________。审核意见：______________________________________。

(4) 审核施工顺序与施工方案是否对应，是否满足工程实际和安全要求。

① 是，此项审核通过。

② 否，此项审核不通过，不通过的原因：______________________________

______________________。审核意见：______________________________________。

(5) 审核施工进度计划中是否考虑了施工过程中可能存在的交叉施工和施工冲突等问题。

① 是，此项审核通过。

② 否，此项审核不通过，不通过的原因：______________________________

______________________。审核意见：______________________________________。

(6) 审核施工进度计划中是否预留了应对可能发生的工期延误情况的时间。

① 是，此项审核通过。

② 否，此项审核不通过，不通过的原因：______________________________

______________________。审核意见：______________________________________。

3）返回审核结果

将审核结果和审核意见返回施工单位，并由施工单位负责人进行确认。

(1) 若审核结果通过，则说明施工进度计划符合要求，符合项目监理机构制订的审核目标，经施工单位负责人确认后可直接用于工程施工。

(2) 若审核结果未通过，则说明施工进度计划不符合要求，也不符合项目监理机构制订的审核目标，施工单位应修改后再次提交审核。

4）审核通过

待施工进度计划审核通过后，项目监理机构应对施工进度计划的执行情况进行实时监控，确保施工进度计划的顺利实施，并根据实际情况进行适时调整，确保调整后的计划仍然符合项目目标。

5）任务总结

____

____

____

____

____。

3.2.1 建筑工程进度控制概述

1. 建筑工程进度控制的概念

建筑工程进度控制是指在建筑工程项目建设各阶段，根据项目进度总目标和资源优化配置的原则编制进度计划并付诸实施，然后在进度计划的实施过程中经常检查实际进度是否按计划进度的要求进行，对出现的偏差情况进行分析，采取补救措施或调整、修改原计划后再付诸实施，如此循环，直至建筑工程竣工验收交付使用。

2. 建筑工程进度计划的表示方法

建筑工程进度计划的表示方法有很多种，但常用的有横道图和网络图两种表示方法。

1）横道图

用横道图表示的建筑工程进度计划主要包括施工流程、时间（即每项工作的持续时间）、施工进度。如图 3-3 所示为用横道图表示的某工程施工进度计划。

序号	施工流程	时间/天	施工进度/天									
			1	2	3	4	5	6	7	8	9	10
1	沟槽开挖	2										
2	管道安装	2										
3	功能性试验	2										
4	土方回填	2										

图 3-3 用横道图表示的某工程施工进度计划

用横道图表示的建筑工程进度计划具有编制简单、使用方便等优点，但不能明确反映出各项工作之间错综复杂的相互关系、工程费用与工期之间的关系、关键线路和关键工作、各项工作所具有的机动时间等。

【案例 3-2】如图 3-4 所示为用横道图表示的某工程施工进度计划。请问：从图 3-4 中可得出哪些结论？

序号	施工流程	时间/天	施工进度/天									
			2	4	6	8	10	12	14	16	18	20
1	支模	8										
2	绑钢筋	4										
3	浇混凝土	12										

图 3-4 用横道图表示的某工程施工进度计划

【分析】由图 3-4 可知，支模工作共需要 8 天，从第 7 天开始进行绑钢筋工作，绑钢筋工作共需要 4 天，从第 9 天开始进行浇混凝土工作，浇混凝土工作共需要 12 天，该工程的计划总工期是 20 天。

2）网络图

网络图是指由箭线和节点组成的，用来表示工作流程的有向、有序网状图形。它主要包括单代号网络图、双代号网络图等。其中，单代号网络图又称节点式网络图，它是以节点及其编号表示工作，箭线表示工作之间的逻辑关系；双代号网络图又称箭线式网络图，它是以箭线及其两端节点的编号表示工作，节点表示工作的开始或结束及工作之间的连接状态。下面以图 3-5 所示的某工程施工进度双代号网络图为例，介绍双代号网络图的相关知识。

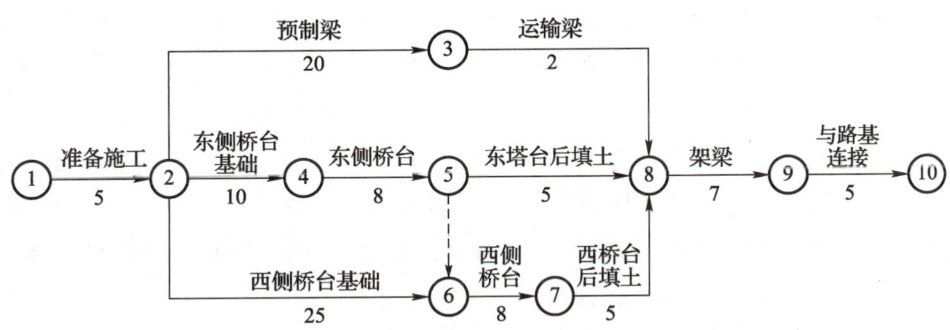

图 3-5 某工程施工进度双代号网络图

（1）箭线和节点。在双代号网络图中，箭线包括实箭线和虚箭线。其中，实箭线表示实际工作；虚箭线不表示实际工作，既不占用时间，也不消耗资源，主要用于表示相邻两项工作之间的逻辑关系。箭线上的文字表示工作名称（如“预制梁”“运输梁”）。节点表示工作的开始或结束及工作之间连接状态，包括起点节点（双代号网络图中的第 1 个节点）、终点节点（双代号网络图中的最后 1 个节点）等。通常，双代号网络图只有 1 个起点节点和 1 个终点节点，箭头的编号大于箭尾的编号且编号互不重复。

（2）持续时间。工作持续时间是指对一项工作规定的从开始到完成的时间，用箭线下的数字表示（如东侧桥台基础的“10”和预制梁“20”）。总持续时间是指线路上所有工作的持续时间总和。关键线路是指总持续时间最长的线路。关键线路可能不止一条，关键线路的长度即网络计划的总工期。关键工作是指关键线路上的工作。

（3）逻辑关系。逻辑关系是指施工过程中各项工作之间的先后顺序关系。对某项工作而言，紧前工作是指紧排在本工作之前的工作；紧后工作是指紧排在本工作之后的工作；平行工作是指与本工作同时进行的工作；先行工作是指自起点节点至本工作之前各条线路上的所有工作；后续工作是指自本工作之后至终点节点各条线路上的所有工作。

【案例 3-3】如图 3-6 所示为某混凝土工程双代号网络图，施工单位严格按该网络图进行施工。请问：该混凝土工程的关键线路是哪条？网络计划的总工期是多少天？关键工作有哪些？绑筋 1 的紧前工作和紧后工作分别是什么？绑筋 2 的先行工作和后续工作分别是什么？

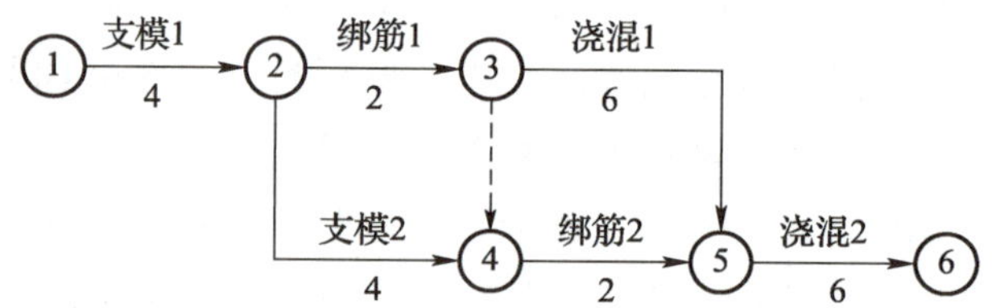

图 3-6　某混凝土工程双代号网络图

【分析】由图 3-6 可知，该网络图中有 3 条线路。线路 1 表示支模 1→绑筋 1→浇混 1→浇混 2，线路 2 表示支模 1→绑筋 1→绑筋 2→浇混 2，线路 3 表示支模 1→支模 2→绑筋 2→浇混 2。这 3 条线路的总持续时间分别为 18 天、14 天、16 天。

由此可知，关键线路为线路 1，即支模 1→绑筋 1→浇混 1→浇混 2 或①→②→③→⑤→⑥，网络计划的总工期为 18 天。关键工作为关键线路上的支模 1、绑筋 1、浇混 1、浇混 2。绑筋 1 的紧前工作为支模 1，紧后工作为浇混 1。绑筋 2 的先行工作包括支模 1、绑筋 1、支模 2，后续工作为浇混 2。

3.2.2　施工准备阶段的进度控制

施工准备阶段进度控制的监理工作主要如下。

1）编制施工进度控制工作细则

施工进度控制工作细则由项目监理机构中分管进度控制的专业监理工程师编制，并报总监理工程师审批。该细则的主要内容如下。

（1）施工进度控制目标分解图。

（2）施工进度控制的主要工作内容和深度。

（3）进度控制人员的职责分工。

（4）与进度控制有关各项工作的时间安排及工作流程。

（5）进度控制的方法（包括进度检查周期、数据采集方式、进度报表格式、统计分析方法等）。

（6）进度控制的具体措施（包括组织措施、技术措施、经济措施、合同措施等）。

（7）施工进度控制目标实现的风险分析。

施工进度控制工作细则应报建设单位。总监理工程师应组织监理人员学习施工进度控制工作细则并形成学习记录。

2）审核施工进度计划

施工进度计划是一种表示各项工程（单位工程、分部工程或分项工程）的施工顺序、开始时间和结束时间，以及相互衔接关系的计划。施工进度计划通常按工程对象编制，它既是承包单位进行现场施工管理的核心指导文件，又是监理工程师实施进度控制的依据。

在工程项目开工前，项目监理机构应审查施工单位报审的施工总进度计划和阶段性施工进度计划，提出审查意见，并由总监理工程师审核后报送建设单位。施工进度计划审查的基本内容如下。

（1）施工进度计划应符合施工合同中工期的约定。

（2）施工进度计划中主要工程项目无遗漏，应满足分批投入试运、分批动用的需要，阶段性施工进度计划应满足施工总进度控制目标的要求。

（3）施工顺序的安排应符合施工工艺的要求。

（4）施工人员、工程材料、施工机具等资源供应计划应满足施工进度计划的需要。

（5）施工进度计划应符合建设单位提供的资金、施工图纸、施工场地、物资等施工条件。

项目监理机构应根据施工总进度计划对阶段性施工进度计划进行审核，重点审核阶段性施工进度计划是否与施工总进度计划中的控制目标一致。当施工进度提前或严重滞后时，应要求施工单位对施工总进度计划进行修订，修订后重新报审。

3.2.3　施工阶段的进度控制

1. 施工阶段进度控制的工作流程

如图 3-7 所示为施工阶段进度控制的工作流程。

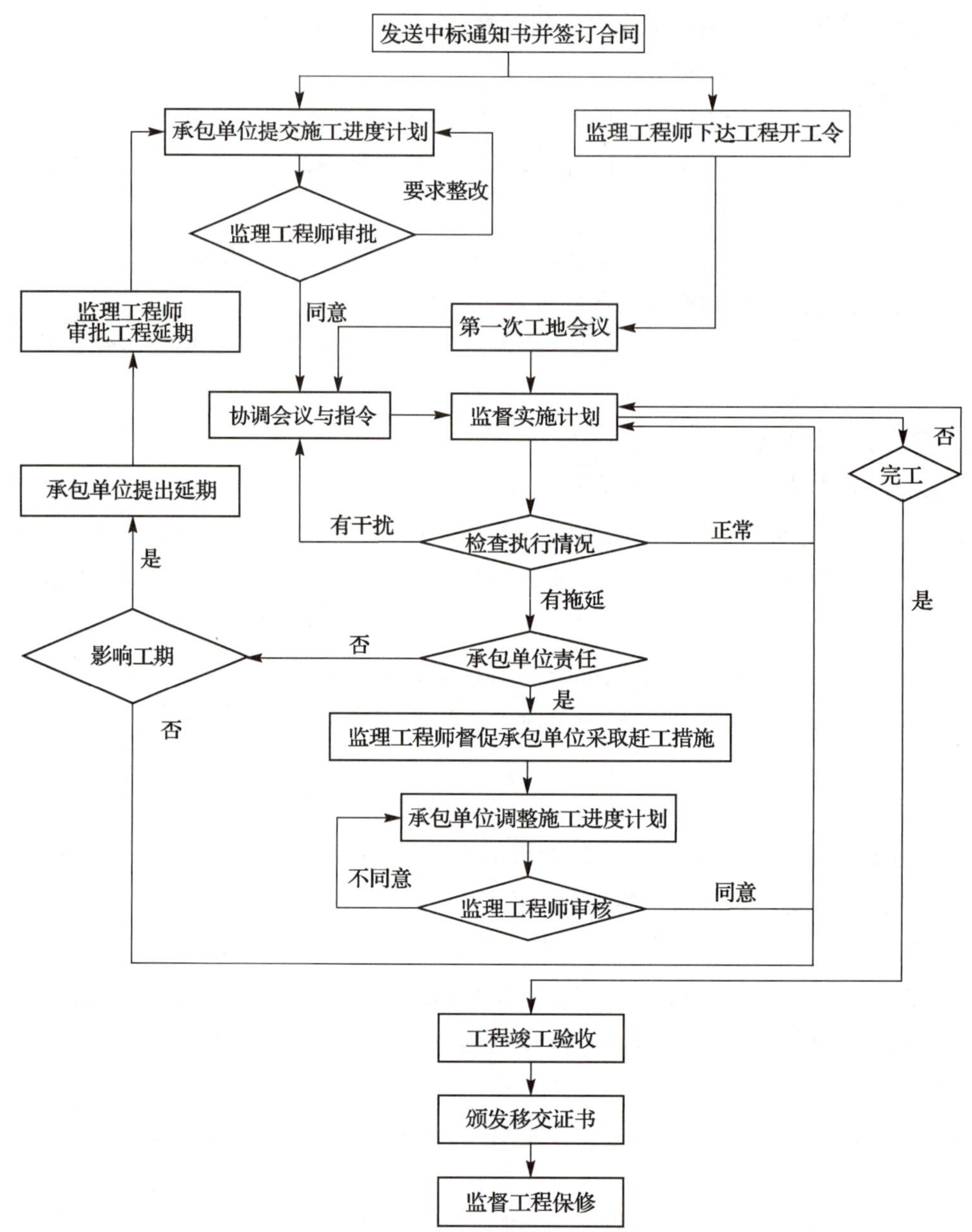

图 3-7　施工阶段进度控制的工作流程

2. 施工阶段进度控制的监理工作

施工阶段进度控制的监理工作主要包括以下几个方面。

1）施工进度计划的动态检查

施工进度计划的动态检查是施工进度计划调整和分析的依据，也是进度控制的关键。施工进度计划检查的内容主要包括工作开始时间、工作完成时间、工作持续时间、工作之间的逻辑关系、关键线路和总工期等。在工程实施过程中，监理工程师必须对施工进度计划的执行情况进行动态检查，发现问题后，应及时分析进度偏差产生的原因，以便为施工进度计划的调整提供必要的信息。监理工程师可通过以下方式获得其实际进展情况：定期地、经常地收集由承包单位提交的有关进度报表资料；由驻地监理人员现场跟踪检查建筑工程的实际进展情况；由监理工程师定期组织现场施工负责人召开现场会议。

施工进度计划检查的方法通常采用对比法，即利用横道图比较法、S曲线比较法、香蕉曲线比较法、前锋线比较法、列表比较法等，将实际进度与计划进度进行比较，从中发现是否存在进度偏差及进度偏差的大小。

小贴士

（1）**横道图比较法**是指将项目实施过程中检查实际进度收集到的数据，经加工整理后用横道线平行绘于原计划的横道线处，从而对实际进度与计划进度进行比较的方法。它可形象、直观地反映实际进度和计划进度的比较情况。如图3-8所示为某基础工程实际进度与计划进度比较图，其中黑色的粗实线表示该工程的计划进度，红色的粗实线表示该工程的实际进度。从图中可以看出，到第9周末进行实际进度检查时，挖土方工作和做垫层工作已完成；支模板工作按计划也应该完成，但实际只完成了75%，任务量拖欠了25%；绑钢筋工作按计划应该完成60%，但实际只完成了20%，任务量拖欠了40%。

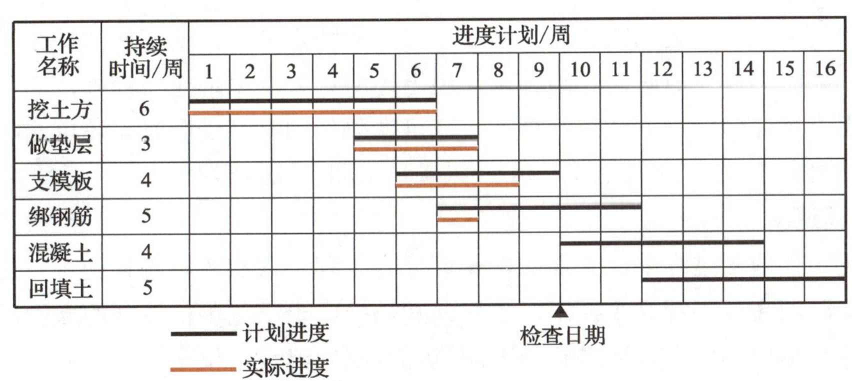

图3-8　某基础工程实际进度与计划进度比较图

（2）**S曲线比较法**是一种以横坐标表示时间，纵坐标表示累计完成任务量，绘制出的一条按计划时间累计完成任务量的S曲线，然后将工程项目实施过程中各检查时间实际累计完成任务量的S曲线也绘制在同一坐标系中，进行实际进度与计划进度比较的方法。与横道图比较法一样，S曲线比较法也是在图上进行工程项目实际进度与计划进度的直观比较。

（3）香蕉曲线是由两条S曲线组合而成的闭合曲线。香蕉曲线比较法可直观地反映工程项目的实际进展情况，获得比S曲线更多的信息。香蕉曲线的绘制方法与S曲线的基本相同，不同之处在于香蕉曲线是以工作按最早开始时间安排进度和按最迟开始时间安排进度分别绘制的两条S曲线组合而成。

（4）前锋线比较法是一种通过实际进度前锋线与原进度计划中各工作箭线交点的位置来判断实际进度与计划进度的偏差，进而判断该偏差对后续工作及总工期影响程度的方法。前锋线是指在原时标网络计划上，从检查时刻的时标点出发，用点划线依次将各项工作实际进展位置点连接而成的折线。

（5）列表比较法是一种记录检查日期应进行的工作名称及其已经作业的时间，然后列表计算有关时间参数，并根据工作总时差进行实际进度与计划进度比较的方法。

2）施工进度计划的调整

通过检查分析，若发现原施工进度计划已不能适应实际情况时，为确保进度控制目标的实现或需要确定新的计划目标，就必须对原施工进度计划进行调整。施工进度计划的调整方法主要包括以下两种。

（1）缩短某些工作的持续时间。该方法的特点是不改变工作之间的先后顺序关系，通过缩短网络计划中关键线路上工作的持续时间来缩短工期。此时，通常需要采取相应的组织措施、经济措施、技术措施等来达到目的。但不管采取何种措施，都会增加费用。因此，在调整施工进度计划时，应利用费用优化的原理来选择费用增加量最小的关键工作作为压缩对象。

（2）改变某些工作之间的逻辑关系。该方法的特点是不改变工作的持续时间，只改变工作的开始时间和完成时间。除分别采用上述两种方法来缩短工期外，当工期拖延得太多，采用上述任何一种方法进行调整，其可调整的幅度又受限时，还可同时采用上述两种方法对同一施工进度计划进行调整，以满足工期目标的要求。

3）工程延期

在建筑工程施工过程中，工期的延长可分为工程延误和工程延期两种。工程延误是指工程完工时间超过工程完工期限。工程延期是指由于承包单位以外的原因所造成的进度延误。承包单位不仅有权要求延长工期，还有权向建设单位索赔。因此，监理单位将工期的延长确认为工程延误还是工程延期，对承包单位和建设单位来说至关重要。

（1）工程延期的申报。监理工程师可按合同约定，批准承包单位延长工期的情况包括：① 监理工程师发出工程变更指令而导致工程量增加；② 合同所涉及的任何可能造成工程延期的原因，如延期交图、工程暂停等；③ 异常恶劣的气候条件；④ 由建设单位造成的任何延误、干扰或障碍，如未及时提供施工场地、未及时付款等；⑤ 除承包单位自身以外的其他任何原因。

（2）工程延期的审批。监理工程师在审批工程延期时应遵循工程延期符合合同条件、工程延期影响工期、工程延期符合实际情况等原则。当工程延期事件发生后，承包单位应在合同规定的有效期内提出工程延期意向通知，并在合同规定的有效期内向监理工程师提交详细的申述报告，监理工程师调查核实后确定工程延期时间，若延期事件具有持续性，承包单位在合同规定的有效期内不能提交最终详细的申述报告时，应先向监理工程师提交阶段性的详情报告，监理工程师调查核实阶段性报告后，尽快作出延长工期的临时决定，待延期事件结束后，承包单位应在合同规定的期限内向监理工程师提交最终的详情报告，监理工程师复查详情报告并确定延期事件的延期时间，批准延期。工程延期的审批程序如图 3-9 所示。

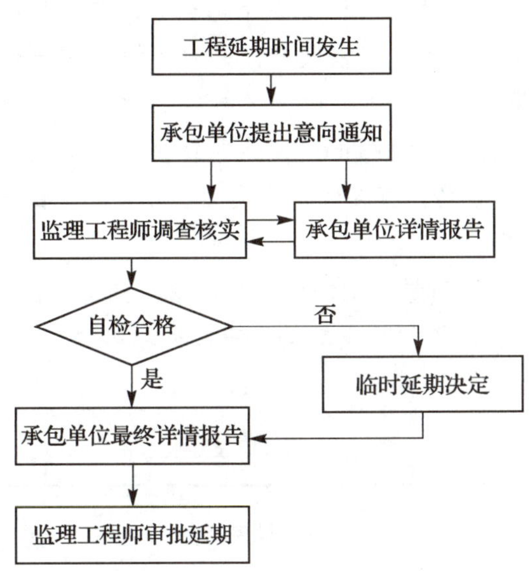

图 3-9　工程延期的审批程序

（3）工程延期的控制。监理工程师为控制工程延期可做的工作包括：① 选择合适的时机下达工程开工令；② 提醒建设单位履行施工承包合同中所规定的职责；③ 妥善处理工程延期时间。

（4）工程延误的处理。若由于承包单位自身原因造成的工期延长，而承包单位又未按监理工程师的指令改变延期状态时，通常可采用拒绝签署付款凭证、误期损失赔偿、取消承包资格等手段。

创想天地

建筑工程进度控制能帮助项目团队成员实时跟踪工作进度，及时发现并解决潜在的工期延误问题，从而保障工程项目按预定的工期顺利推进。请结合工程实例，分析在建筑工程进度控制中，监理人员应如何制订合理的工程进度计划？当工期出现延误时，监理人员应如何制订有效的补救措施？

任务 3.3 建筑工程质量控制

任务引入

某施工单位负责对某项目的钢结构工程进行搭建和安装。钢节点作为钢结构桁架的关键连接部分，对整体结构的稳定性和安全性起着至关重要的作用。在施工过程中，施工人员为方便施工，一次性拼装了多根腹杆，并将其焊接在一起。该做法虽然加快了施工进度，但是减小了焊缝的有效长度，改变了杆件的受力形式，而且施工单位和监理单位均未对该做法进行及时的阻止和纠正，最终导致该工程发生了局部坍塌。此次工程质量事故造成 3 人死亡，1 人重伤，直接经济损失约 500 万元。试分析，项目监理机构该如何处理此次工程质量事故？

本任务主要介绍建筑工程质量控制的概念和依据，施工准备阶段和施工阶段的质量控制，建筑工程施工质量验收，工程质量缺陷及事故处理等内容，知识与技能要求如表 3-9 所示。

表 3-9　知识与技能要求

任务内容	建筑工程质量控制	学习程度		
		识记	理解	应用
学习任务	建筑工程质量控制概述	●		
	施工准备阶段的质量控制		●	
	施工阶段的质量控制		●	
	建筑工程施工质量验收		●	
	工程质量缺陷及事故处理		●	
实训任务	处理工程质量事故			●
自我勉励				

任务工单——处理工程质量事故

1. 学生分组

学生以3～5人为一组，各小组选出组长并进行任务分工，将小组成员及分工情况填入表3-10中。

表3-10 小组成员及分工情况

班级		组号		指导教师	
小组成员	姓名	学号	任务分工		
组长					
组员					

2. 实施准备

（1）各小组查阅并整理相关资料，确定处理的目标和方法，然后设计处理方案，将设计好的处理方案提交给指导教师。

（2）指导教师对各小组提交的处理方案进行梳理、比较，从中选出一个最优方案，然后将其作为处理工程质量事故的实施方案。

3. 任务实施

1）签发工程暂停令

质量事故发生后，总监理工程师应根据事故现场的具体情况，向施工单位下达工程暂停令，要求施工单位暂停钢节点的焊接工作，以及与其有关联的部位和下道工序的施工工作，并要求施工单位对已完成的钢节点进行全面检查，防止事故扩大并保护好现场。同时，质量事故发生单位需要根据类别和等级向相应的主管部门上报。

2）调查质量事故原因

项目监理机构应要求施工单位对工程质量事故进行调查，分析工程质量事故的产生原因。工程质量事故的产生原因：________________________________

____

____，

并提交质量事故调查报告。

3）提出解决措施

项目监理机构应根据施工单位提出的技术处理意见，要求施工单位完成工程质量事故技术处理方案。施工单位在进行事故检查后提出质量事故调查报告和经设计单位签认、建设单位批准的技术处理方案。技术处理方案：______________________________

____

______________________________，

并提交给项目监理机构。

项目监理机构组织相关单位经讨论认为，______________________________

______________________________，经计算核定后，

决定______________________________。

4）跟踪与监督

技术处理方案经核签后，项目监理机构应要求施工单位______________________。

在施工单位再次施工前，项目监理机构需要______________________________。

在施工人员焊接过程中，监理工程师需要______________________________。

施工单位整改完成且经自检合格后，报项目监理机构验收。

5）签发工程复工令

待______________________________

满足要求后，施工单位向项目监理机构提出复工申请，项目监理机构对______________

______________进行审查，总监理工程师签署审核意见并报建设单位同意后，

签发工程复工令，恢复工程正常施工。

6）提交质量事故书面报告

在该工程质量事故处理完毕后，项目监理机构应向建设单位提交了质量事故书面报告。质量事故书面报告的具体内容：______________________________

____

______________________________。

最后，将质量事故处理记录和有关资料进行归档整理。

7）任务总结

____

____

____

____

____

______________________________。

3.3.1 建筑工程质量控制概述

1. 建筑工程质量控制的概念

建筑工程质量控制是指在实现工程项目总目标的过程中，为保证项目总体质量满足规定要求而必须进行的监督管理活动。它是建筑工程目标控制的核心，不仅关系到建筑工程的成败、投资的多少、进度的快慢，还关系到人民的生命财产安全。

2. 建筑工程质量控制的依据

建筑工程质量控制的依据主要包括以下几个方面。

（1）工程合同文件。它主要包括监理合同、施工合同、材料设备采购合同等。项目监理机构监理人员应熟悉这些文件，并据此进行质量控制。

（2）工程勘察设计文件。它主要包括经批准的设计图纸和技术说明书、施工图审查报告和审查批准书、施工过程中设计单位出具的工程变更设计等，这些文件是项目监理机构进行质量控制的重要依据。

（3）有关质量管理方面的法律法规、部门规章和规范性文件。它主要包括《建筑法》《建设工程质量管理条例》《建筑工程施工许可管理办法》等。所有用于工程的材料、设备、施工工艺等均应符合强制性国家标准和行业标准的要求，以及施工合同等所约定的推荐性标准的技术要求。

（4）工程建设质量标准。它主要包括各种有关的标准、规范和规程。工程建设质量必须符合国家或行业质量验收标准的要求。

小贴士

项目监理机构在施工质量控制中，依据的工程建设质量标准主要包括以下几类。

（1）工程项目施工质量验收标准。它主要是由国家或部门统一制定的，用以作为检查和验收工程项目质量水平所依据的技术法规性文件。

（2）有关工程材料、半成品和构配件质量控制方面的专门技术法规性依据。它主要包括有关材料及其制品质量的技术标准，有关材料或半成品等的取样、试验等方面的技术标准或规程，有关材料验收、包装、标志方面的技术标准和规定等。

（3）控制施工作业活动质量的技术规程。它主要是在施工作业过程中需要遵照执行的技术规程，以确保施工作业活动的质量。

3.3.2 施工准备阶段的质量控制

施工准备阶段质量控制的监理工作主要如下。

1. 图纸会审与设计交底

1）图纸会审

图纸会审是指工程各参建单位（包括建设单位、监理单位、施工单位等）在收到施工图审查机构审查合格的施工图设计文件后，对图纸进行全面细致的熟悉和审查，并将发现的问题和不合理的情况进行汇总，在设计交底前提交给设计单位进行处理的一项重要活动。图纸会审的目的主要有两个方面：一方面，通过熟悉工程设计文件，了解工程设计的特点、意图、工程关键部位的质量要求，找出需要解决的技术难题，并制订相应的解决方案；另一方面，发现图纸中的差错，将图纸中的质量隐患消灭在萌芽之中。

在图纸会审过程中，施工单位需要整理会议纪要，并将该会议纪要提交给与会各方进行签字确认。

2）设计交底

设计交底是指在施工图完成并经审查合格后，设计单位在设计文件交付施工时，按法律规定的义务就施工图设计文件向建设单位、施工单位和监理单位做出的详细说明。设计交底由建设单位组织，其目的是使施工单位和监理单位正确理解设计意图，加深对设计文件特点、难点、疑点的理解，掌握工程关键部位的质量要求，确保工程质量。

设计交底的主要内容：施工图设计文件总体介绍，设计意图的说明，特殊的工艺要求，建筑、结构、工艺、设备等各专业在施工中的难点、疑点和容易发生的问题说明，解答建设单位、施工单位和监理单位提出的问题等。

图纸会审和设计交底是施工前的重要步骤，通过建设单位、监理单位、施工单位等各参建单位的共同努力，可提前发现并解决潜在问题，有效减少施工过程中的设计变更和返工，从而保证工程的进度和质量。这启示我们在学习和工作中，要养成认真细致的习惯，对待任何任务都要精益求精，避免因疏忽大意而造成不必要的错误和损失。同时，还要注重与他人的合作和沟通，只有团队协作，才能充分发挥每个人的优势，共同解决问题，达到多方共赢的效果。

2. 施工组织设计和施工方案的审查

1）施工组织设计的审查

施工组织设计是指用以组织工程施工的指导性文件。在工程设计阶段和工程施工阶段，施工组织设计分别由设计单位和施工单位负责编制。

项目监理机构应审查施工单位报审的施工组织设计，符合要求时应由总监理工程师签认后报送建设单位。当施工组织设计需要重新调整时，项目监理机构应按程序重新审查。施工组织设计的审查应包括以下内容。

（1）编审程序应符合有关规定。

（2）施工组织设计的基本内容应完整，具体应包括编制依据、工程概况、施工进度计划、主要施工方法、施工现场平面布置、资源配置计划等。

（3）工程造价、进度、质量、安全等方面应符合施工合同要求。

（4）材料、设备、劳动力等资源配置计划应满足工程施工需要，主要施工方法和技术措施应可行。

（5）施工总平面布置应科学合理。

2）施工方案的审查

施工方案是指施工的具体实施计划和所用的技术。总监理工程师应组织专业监理工程师审查施工单位报审的施工方案，符合要求后应予以签认。施工方案的审查应包括以下内容。

（1）编审程序应符合有关规定。

（2）工程质量保证措施应符合有关标准。

对需要修改或重新编制的施工方案，项目监理机构应要求施工单位按项目监理机构的审查意见，在规定的时间内对其进行修改或重新编制，并按编审程序重新报审。项目监理机构应按有关要求重新审批，直至同意该方案。

3．现场施工准备的质量控制

1）施工现场质量管理的审查

在工程开工前，项目监理机构应审查施工单位现场的质量管理组织机构和质量管理制度，以及专职管理人员和特种作业人员的资格。

2）分包单位资质的审查

分包工程开工前，项目监理机构应审查施工单位报送的分包单位资格报审表和有关资料，符合要求后，应由总监理工程师审批并签署意见。分包单位资质的审查应包括以下内容。

（1）营业执照、企业资质等级证书。

（2）安全生产许可文件。

（3）类似工程业绩。

（4）专职管理人员和特种作业人员的资格。

另外，在审查拟分包工程的内容和范围时，应注意施工单位的发包性质，禁止转包、肢解分包、层层分包等违法行为。

3）施工控制测量成果和保护措施的检查、复核

专业监理工程师应检查、复核施工单位报送的施工控制测量成果和保护措施，签署意见；同时，还应对施工单位在施工过程中报送的施工测量放线成果进行查验。

施工控制测量成果和保护措施的检查、复核，应包括以下内容。

（1）施工单位测量人员的资格证书和测量设备检定证书。

（2）施工平面控制网、高程控制网和临时水准点的测量成果及控制桩的保护措施。

项目监理机构收到施工单位报送的施工控制测量成果报验表后，由专业监理工程师审查。

4）试验室的检查

专业监理工程师应检查施工单位为工程提供服务的试验室。试验室的检查应包括以下内容。

（1）试验室的资质等级和试验范围。

（2）法定计量部门对试验设备出具的计量检定证明。

（3）试验室管理制度。

（4）试验人员资格证书。

项目监理机构收到施工单位报送的试验室报审表和有关资料后，总监理工程师应组织专业监理工程师对试验室进行审查。

5）工程材料、构配件、设备的质量控制

项目监理机构应审查施工单位报送的用于工程的材料、构配件、设备的质量证明文件，并按有关规定、监理合同约定，对用于工程的材料进行见证取样、平行检验；对已进场经检验不合格的工程材料、构配件、设备，应要求施工单位限期将其撤出施工现场。

工程材料、构配件、设备质量控制的要点如下。

（1）对于进口材料、构配件和设备，专业监理工程师应要求施工单位报送进口商检证明文件，并会同建设单位、施工单位、供货单位等的有关人员，按合同约定进行联合检查验收。

小贴士

联合检查由施工单位提出申请，项目监理机构组织，建设单位主持。

（2）对于工程采用新设备、新产品和新材料，专业监理工程师应检查有关部门的鉴定证书或工程应用的证明材料等。

（3）当原材料、半成品、构配件进场时，专业监理工程师应检查其型号、规格、尺寸等外观质量，并判断其是否符合设计、规范等要求。

（4）施工单位应对现场配制的材料进行级配设计和配合比试验，经试验合格后才能使用。

（5）质量合格的材料、构配件进场后，通常会放置一段时间后才使用。在这段时间内，专业监理工程师应对这些材料、构配件的存放、保管和使用期限进行实时监控。

6）工程开工令的签发

总监理工程师应在开工日期的 7 天前向施工单位发出工程开工令。工期从总监理工程师发出的工程开工令中载明的开工日期起计算。

总监理工程师应组织专业监理工程师审查施工单位报送的工程开工报审表和相关资料。当开工条件全部满足要求时，应由总监理工程师签署审查意见，并报建设单位批准。建设单位批准后，再由总监理工程师签发工程开工令。施工单位应在开工日期后尽快施工。

3.3.3 施工阶段的质量控制

1. 施工阶段质量控制的工作流程

在施工过程中，监理工程师应对施工质量进行全过程、全方位地监督、检查和控制。如图 3-10 所示为施工阶段质量控制的工作流程。

2. 施工阶段质量控制的监理工作

施工阶段质量控制的监理工作主要包括以下几个方面。

1）施工现场跟踪监督

监理人员应针对不同的质量控制要求，通过旁站、巡视、平行检验、见证取样、召开监理例会等方法，对影响结构安全和使用功能的关键工序、特殊过程等进行质量控制，并及时、准确、完整地进行记录。

（1）旁站。

项目监理机构应根据工程特点和施工单位报送的施工组织设计，编制旁站监理方案，明确旁站监理的范围、内容、程序，以及监理人员职责等，旁站监理方案应报送建设单位和施工单位。其中，旁站的关键部位、关键工序主要包括影响工程主体结构安全的、完工后无法检测其质量的、返工会造成较大损失的部位及其施工过程。

施工单位应根据项目监理机构制订的旁站监理方案，在需要实施旁站监理的关键部位、关键工序进行施工前 24 小时，应书面通知项目监理机构。项目监理机构应安排监理人员按旁站监理方案实施旁站监理。

监理人员应认真履行职责，对需要实施旁站监理的关键部位、关键工序在施工现场跟踪监督，及时发现和处理旁站监理过程中出现的质量问题，如实准确地做好旁站记录（见图 3-11）。

（2）巡视。

项目监理机构应安排监理人员对工程施工质量进行巡视。巡视的内容：施工单位的施工质量、安全、进度等实施情况；工程变更、施工工艺等调整情况；跟踪检查上次巡视发现的问题，监理指令的执行落实情况，对于上次巡视发现的问题，应及时进行处理。

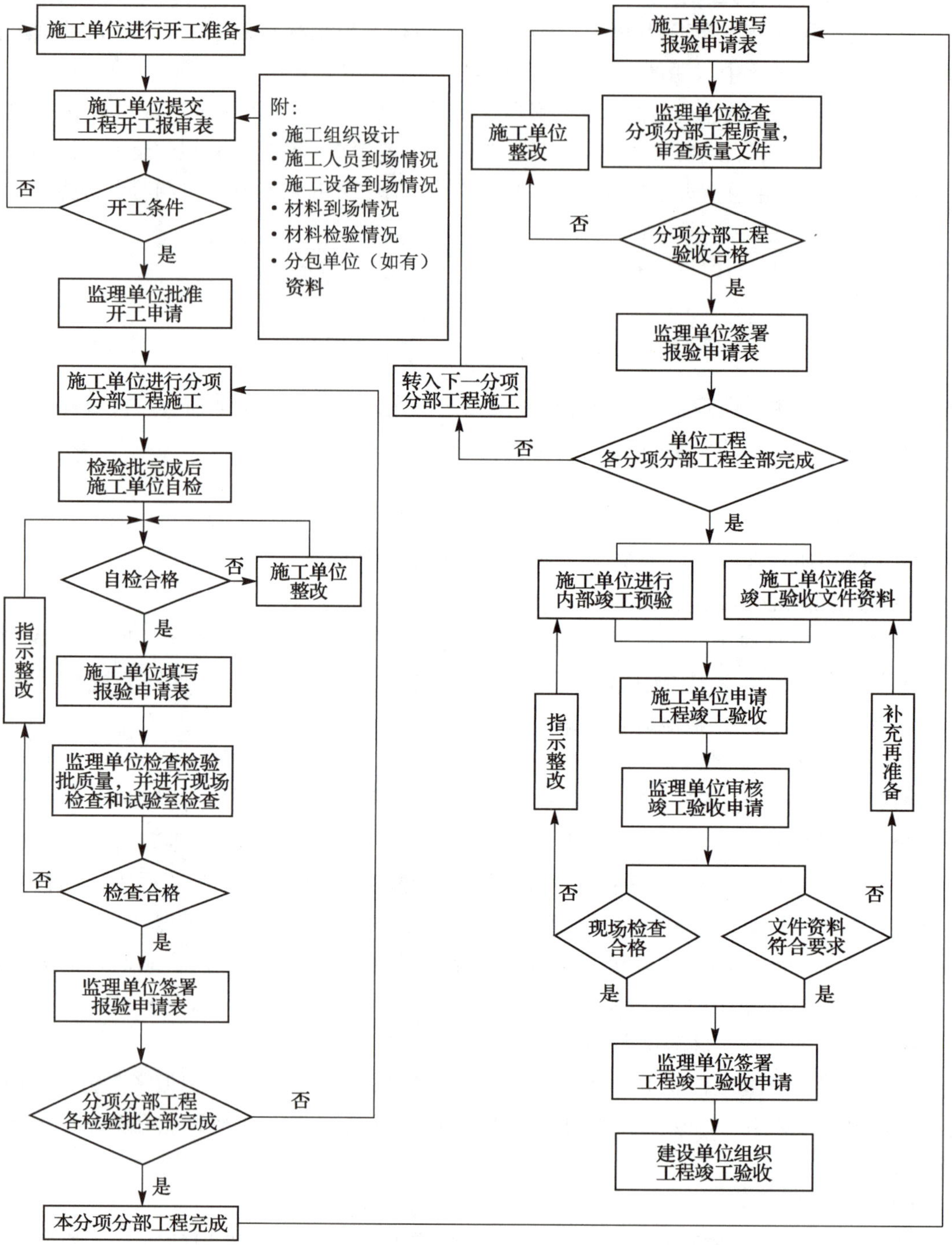

施工单位进行开工准备

施工单位提交工程开工报审表

附：
- 施工组织设计
- 施工人员到场情况
- 施工设备到场情况
- 材料到场情况
- 材料检验情况
- 分包单位（如有）资料

开工条件

否

是

监理单位批准开工申请

施工单位进行分项分部工程施工

检验批完成后施工单位自检

自检合格

否

施工单位整改

是

施工单位填写报验申请表

监理单位检查检验批质量，并进行现场检查和试验室检查

检查合格

否

指示整改

是

监理单位签署报验申请表

分项分部工程各检验批全部完成

否

是

本分项分部工程完成

施工单位填写报验申请表

监理单位检查分项分部工程质量，审查质量文件

分项分部工程验收合格

否

施工单位整改

是

监理单位签署报验申请表

单位工程各分项分部工程全部完成

否

转入下一分项分部工程施工

是

施工单位进行内部竣工预验

施工单位准备竣工验收文件资料

施工单位申请工程竣工验收

监理单位审核竣工验收申请

现场检查合格

否

指示整改

文件资料符合要求

否

补充再准备

是

是

监理单位签署工程竣工验收申请

建设单位组织工程竣工验收

图 3-10　施工阶段质量控制的工作流程

旁站记录

工程名称：　　　　　　　　　　　　　　　　　　编号：

<table>
<tr><td>旁站的关键部位、关键工序</td><td></td><td>施工单位</td><td></td></tr>
<tr><td>旁站开始时间</td><td></td><td>旁站结束时间</td><td></td></tr>
<tr><td colspan="4">旁站的关键部位、关键工序施工情况：</td></tr>
<tr><td colspan="4">发现的问题及处理情况：

监理人员（签字）：
年　　月　　日</td></tr>
</table>

注：本表一式一份，项目监理机构留存。

图 3-11　旁站记录

（3）平行检验。

项目监理机构应根据工程特点、专业要求和监理合同约定，对施工质量进行平行检验。平行检验的项目、数量和频率等应符合监理合同的约定。对平行检验不合格的施工质量，项目监理机构应签发监理通知单，要求施工单位在规定期限内整改，并重新报验。平行检验的方法主要包括目测法、实测法和试验检验法等。

（4）见证取样。

见证取样的工作程序如下。

① 施工单位和项目监理机构应共同选定符合资质要求且独立于施工单位的第三方试验室。

② 项目监理机构应将选定的试验室和负责见证取样的监理人员报送质量监督机构备案。

③ 施工单位应确定检测试验计划，配备取样人员，负责施工现场的取样工作，并将检测试验计划报送项目监理机构。

④ 施工单位在实施见证取样前应通知负责见证取样的监理人员，在该监理人员的现场监督下，施工单位按相关规范要求完成试块、试件等的取样过程。

⑤ 完成取样后，取样人员应对试样进行标识。同时，施工单位还应建立试样台账，检测试验结果为不合格或不符合要求的，应在试样台账中注明处置情况。

（5）召开监理例会。

项目监理机构应定期召开监理例会，并组织有关单位研究解决与监理工作有关的问题。监理例会由总监理工程师或其授权的专业监理工程师主持。监理例会应包括以下内容。

① 检查上次监理例会议定事项的落实情况，分析未完事项的原因。

② 检查分析工程进度计划的完成情况，提出下一阶段的进度目标及其落实措施。

③ 检查分析工程质量、施工安全和文明施工管理状况，针对存在的问题提出改进措施。

④ 检查工程量核定和工程款支付情况。

⑤ 解决需要协调的有关事项。

⑥ 其他有关事宜。

监理例会的会议纪要由项目监理机构负责整理，与会各方代表应会签。

2）监理通知单、工程暂停令与工程复工令的签发

（1）监理通知单的签发。

项目监理机构在施工现场追踪监督过程中，发现施工存在质量问题的，或者施工单位采用不适当施工工艺的，或者施工不当造成工程质量不合格的，应及时签发监理通知单，要求施工单位整改。整改完毕后，项目监理机构应根据施工单位报送的监理通知回复单，对整改情况进行复查，并提出复查意见。

（2）工程暂停令的签发。

项目监理机构发现下列情况之一时，总监理工程师应及时签发工程暂停令。

① 建设单位要求暂停施工且工程需要暂停施工的。

② 施工单位未经批准擅自施工或拒绝项目监理机构管理的。

③ 施工单位未按审查通过的工程设计文件施工的。

④ 施工单位违反工程建设强制性标准的。

⑤ 施工存在重大质量、安全事故隐患或发生质量、安全事故的。

总监理工程师在签发工程暂停令（见图 3-12）时，可根据停工原因的影响范围和影响程度，确定停工范围。

总监理工程师签发工程暂停令，应事先征得建设单位同意。在紧急情况下未能事先征得建设单位同意的，应在事后及时向建设单位书面报告。暂停施工事件发生时，项目监理机构应如实记录所发生的情况。

（3）工程复工令的签发。

总监理工程师应会同有关各方按施工合同约定，处理因工程暂停而引起的问题，并确定工程复工条件。因施工单位原因暂停施工时，项目监理机构应检查、验收施工单位的停工整改过程、结果。

当暂停施工原因消失、具备复工条件时，施工单位提出复工申请的，项目监理机构应审查施工单位报送的工程复工报审表和有关材料，符合要求后，总监理工程师应及时签署审查意见，并报建设单位批准后签发工程复工令（见图 3-13）。施工单位未提出复工申请的，总监理工程师应根据工程实际情况，指令施工单位复工。

3）工程变更的控制

做好工程变更的控制工作，是工程质量控制的一项重要内容。工程变更单应由提出单位填写，写明工程变更的原因和内容，并附上必要的附件。项目监理机构应按下列程序处理施工单位提出的工程变更。

（1）总监理工程师组织专业监理工程师审查施工单位提出的工程变更申请，提出审查意见。工程变更申请应说明建议工程变更的内容和理由，以及实施该建议对合同价格和工期的影响。对涉及工程设计文件的工程变更，由建设单位转交原设计单位修改工程设计文件。必要时，项目监理机构应建议建设单位组织设计单位、施工单位等召开专题会议。

（2）总监理工程师组织专业监理工程师对工程变更费用和工期变化做出评估。

（3）总监理工程师组织建设单位、施工单位等共同协商确定工程变更费用和工期变化，会签工程变更单。

（4）项目监理机构应根据批准的工程变更文件监督施工单位实施工程变更。

工程暂停令

工程名称：　　　　　　　　　　　　　　　　　　　　　　编号：

<table>
<tr><td>
致：__________（施工项目经理部）
由于____ 原因，现通知你方于_______年_______月_______日_______时起，暂停__________部位（工序）施工，并按下述要求做好后续工作。
要求：

项目监理机构（盖章）
总监理工程师（签字、加盖执业印章）
年　　月　　日
</td></tr>
</table>

注：本表一式三份，项目监理机构、建设单位、施工单位各一份。

图 3-12　工程暂停令

工程复工令

工程名称： 编号：

致：________________（施工项目经理部） 我方发出的编号为______________________《工程暂停令》，要求暂停施工的____________部位（工序），经查已具备复工条件。经建设单位同意，现通知你方于______年_______月_______日_______时起恢复施工。 附件：工程复工报审表   项目监理机构（盖章） 总监理工程师（签字、加盖执业印章） 年 月 日

注：本表一式三份，项目监理机构、建设单位、施工单位各一份。

图 3-13 工程复工令

3.3.4 建筑工程施工质量验收

建筑工程施工质量验收是指建筑工程施工质量在施工单位自检合格的基础上，由工程质量验收责任方组织，工程建设相关单位参加，对检验批、分项工程、分部工程、单位工程及其隐蔽工程的质量进行抽样检验，对技术文件进行审核，并根据设计文件和有关标准以书面形式对工程质量是否合格做出确认的过程。

建筑工程施工质量验收统一标准

1．建筑工程施工质量验收的要求和合格规定

建筑工程施工质量验收可分为检验批、分项工程、分部工程、单位工程等验收环节，其要求和合格规定如表 3-11 所示。

表 3-11　建筑工程施工质量验收的要求和合格规定

验收环节	要求	合格规定
检验批	（1）检验批验收合格的条件应满足相应专业质量验收标准的规定 （2）检验批验收应在施工单位自检合格后进行 （3）检验批应由专业监理工程师组织施工单位项目专业质检员、专业工长等进行验收	（1）主控项目的质量经抽样检验均应合格 （2）一般项目的质量经抽样检验均应合格 （3）具有完整的施工操作依据和质量验收记录
分项工程	（1）分项工程应由专业监理工程师组织施工单位项目技术负责人等进行验收 （2）分项工程质量验收合格应符合相应专业质量验收标准的规定 （3）专业监理工程师应在分项工程所含检验批全部完成，且该分项工程中所含的相关检测全部完成的基础上对其进行验收	所含检验批的质量均应验收合格，其验收记录应完整
分部工程	（1）分部工程应由总监理工程师组织施工单位项目负责人和项目技术负责人等进行验收。设计单位项目负责人和施工单位技术、质量负责人参加地基与基础分部、主体结构与节能分部工程的验收。其中，地基与基础分部还要求勘察单位项目负责人参加验收 （2）分部工程质量验收应符合相应专业质量验收标准的规定	（1）所含分项工程的质量均应验收合格 （2）分部工程的质量控制资料应保持完整 （3）有关安全、节能、环境保护和主要使用功能的抽样检验结果应符合有关规定 （4）分部工程的观感质量应符合相应要求

（续表）

验收环节	要求	合格规定
单位工程	（1）总监理工程师应组织专业监理工程师审查施工单位报送的相关竣工资料，并对工程质量进行竣工预验收。竣工预验收合格后应由施工单位向建设单位提交工程竣工报告和完整的质量控制资料，申请建设单位组织工程竣工验收 （2）单位工程应由施工单位、监理单位等的项目负责人，以及施工单位技术、质量负责人进行验收 （3）单位工程质量验收应符合相应专业质量验收标准的规定	（1）所含分部工程的质量均应验收合格 （2）单位工程的质量控制资料应保持完整 （3）所含分部工程中，有关安全、节能、环境保护和主要使用功能的检验资料应完整 （4）主要使用功能的抽查结果应符合相关专业质量验收标准的规定 （5）单位工程的观感质量应符合相应要求

知识拓展

（1）**隐蔽工程**是指在施工过程中上一道工序的工作成果，被下一道工序所掩盖，而无法直观进行复查的工程部位。

（2）**检验批**是指按同一生产条件或按规定的方式汇总起来供检验用的，由一定数量样本组成的检验体。它是建筑工程施工质量验收的最小单位，是分项工程、分部工程、单位工程质量验收的基础。

（3）质量验收按主控项目和一般项目进行。**主控项目**是指建筑工程中对安全、卫生、环境保护和公众利益起确定性作用的检验项目。**一般项目**是指除主控项目以外的检验项目。对于一般项目，允许存在一定数量的不合格点，但是不能影响工程的使用功能和观感。

（4）分项工程的质量验收是以检验批为基础进行的。通常情况下，检验批和分项工程具有相同或相近的性质，只是批量的大小不同而已。

（5）观感质量是指通过观察和必要的测试所反映的工程外在质量和功能状态。

2. 建筑工程施工质量验收时不符合要求的处理

通常情况下，不合格现象在检验批验收时就应发现并及时处理，但在实际工程中不能完全避免不合格情况的出现，因此建筑工程施工质量验收时不符合要求的应按以下方式进行处理。

（1）经返工或返修的检验批，应重新组织验收。

（2）经有资质的检测单位检测鉴定能达到设计要求的检验批，应予以验收；达不到设计要求，但经原设计单位核算认可能满足安全和使用功能的检验批，应予以验收。

（3）经返修或加固处理的分项工程和分部工程，满足安全和使用功能要求时，可按技术处理方案和协商文件的要求予以验收。

（4）经返修或加固处理仍不能满足安全或重要使用要求的分部工程和单位工程，严禁验收。

（5）工程质量控制资料应保持完整。当部分资料缺失时，应委托有资质的检测单位按有关标准进行相应的实体检验或抽样试验。

3.3.5 工程质量缺陷及事故处理

1. 工程质量缺陷处理

工程质量缺陷是指工程不符合国家或行业的有关技术标准、设计文件和合同中对质量的要求。工程质量缺陷可分为施工过程中的质量缺陷和永久质量缺陷两种，施工过程中的质量缺陷又可分为可整改质量缺陷和不可整改质量缺陷两种。

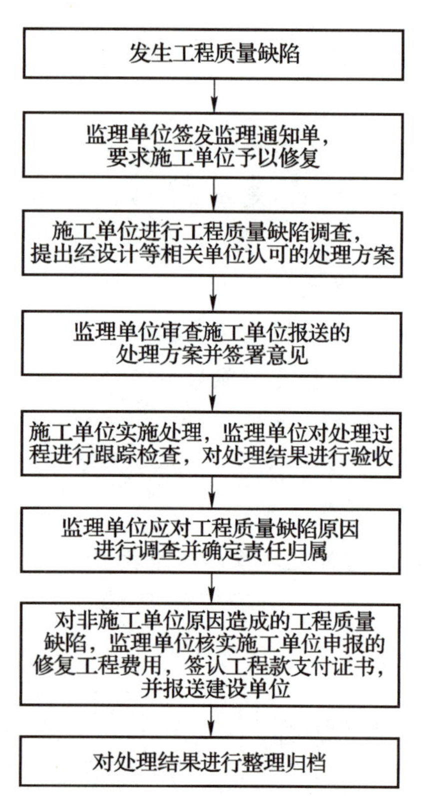

图 3-14 工程质量缺陷处理程序

在工程施工过程中，由于种种原因，出现工程质量缺陷往往难以避免。对已发生的工程质量缺陷，项目监理机构应按工程质量缺陷处理程序进行处理，如图 3-14 所示。

（1）当发生工程质量缺陷时，监理单位应安排监理人员进行检查和记录，并签发监理通知单，要求施工单位进行修复处理。

（2）施工单位进行质量缺陷调查，分析质量缺陷产生的原因，并提出经设计等相关单位认可的处理方案。

（3）监理单位审查施工单位报送的质量缺陷处理方案，并签署意见。

（4）施工单位按审查认可的质量缺陷处理方案实施修复处理，监理单位对处理过程进行跟踪检查，对处理结果进行验收。

（5）对非施工单位原因造成的工程质量缺陷，监理单位应核实施工单位申报的修复工程费用，签认工程款支付证书，并报建设单位。

（6）对工程质量缺陷的处理结果进行记录整理归档。

2. 工程质量事故处理

1）工程质量事故等级划分

根据《关于做好房屋建筑和市政基础设施工程质量事故报告和调查处理工作的通知》规定，工程质量事故是指由于建设、勘察、设计、施工、监理等单位违反质量有关法律法规和工程建设标准，使工程产生结构安全、重要使用功能等方面的质量缺陷，造成人身伤亡或重大经济损失的事故。根据工程质量事故造成的人员伤亡或直接经济损失，工程质量事故可分为以下4个等级。

（1）特别重大事故，是指造成30人以上死亡，或者100人以上重伤，或者1亿元以上直接经济损失的事故。

（2）重大事故，是指造成10人以上30人以下死亡，或者50人以上100人以下重伤，或者5 000万元以上1亿元以下直接经济损失的事故。

（3）较大事故，是指造成3人以上10人以下死亡，或者10人以上50人以下重伤，或者1 000万元以上5 000万元以下直接经济损失的事故。

（4）一般事故，是指造成3人以下死亡，或者10人以下重伤，或者100万元以上1 000万元以下直接经济损失的事故。

本等级划分所称的“以上”包括本数，所称的“以下”不包括本数。

【案例3-4】某建筑公司承接了一项10栋高层住宅楼的施工任务，每栋楼都由3个独立结构楼体组成。当10栋高层住宅楼的主体封顶、进入装饰装修施工阶段时，其中1栋楼的1个独立结构楼体突然出现了整体倾斜。专家组经过现场排查、监测和技术研判，决定对该栋楼实施拆除。经调查测算，此次事故造成直接经济损失约4 500万元。请问：该事故属于什么等级？

【分析】该事故虽然没有造成人员伤亡，但是造成直接经济损失约4 500万元。根据工程质量事故等级划分可知，该事故属于较大事故。

2）工程质量事故处理程序

工程质量事故发生后，项目监理机构可按工程质量事故处理程序进行处理，如图3-15所示。

（1）当工程质量事故发生后，总监理工程师应向施工单位下达工程暂停令，并要求施工单位暂停质量事故部位和与其有关联部位的施工，要求施工单位采取必要的措施，防止事故扩大并保护好现场。同时，要求工程质量事故发生单位根据事故类别和事故等级向相应的主管部门上报。

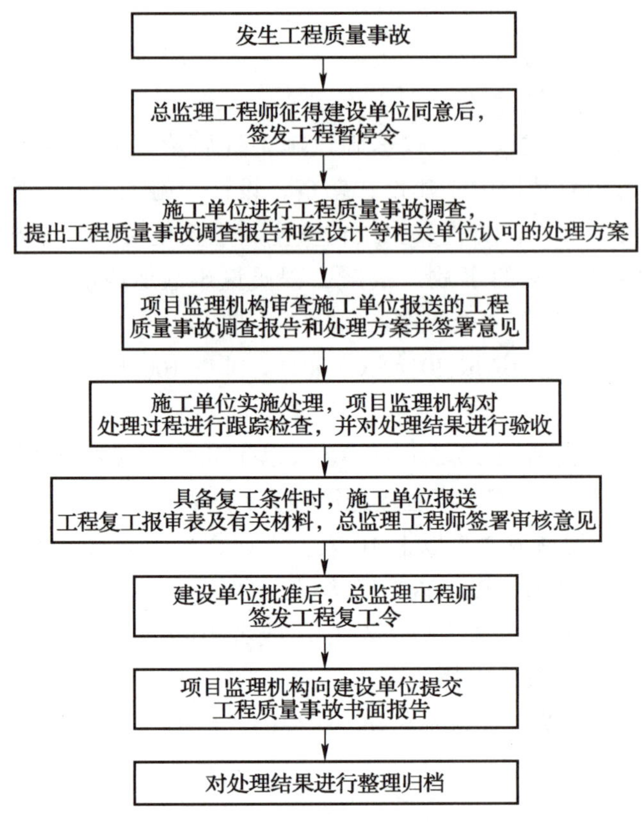

图 3-15　工程质量事故处理程序

（2）项目监理机构应要求施工单位对工程质量事故进行调查，并分析工程质量事故的产生原因，提交质量事故调查报告。对于由工程质量事故调查组处理的工程质量事故，项目监理机构应积极配合，客观地提供证据。

（3）项目监理机构应根据施工单位或工程质量事故调查组提出的技术处理意见，要求相关单位完成工程质量事故技术处理方案。工程质量事故技术处理方案一般由施工单位提出，经原设计单位签认，并报建设单位批准。对于涉及结构安全和加固处理等的重大技术处理方案，一般由原设计单位提出。必要时，应要求相关单位组织专家论证，以确保处理方案的可靠性和可行性，从而保证结构安全和使用功能完整。

（4）相关各方对工程质量事故技术处理方案签认完成后，项目监理机构应要求施工单位制订详细的施工方案。同时，项目监理机构应跟踪检查工程质量事故处理过程，对处理结果进行验收。必要时应组织有关单位对处理结果进行鉴定。

（5）当工程质量事故处理完毕且工程具备复工条件时，由施工单位提出复工申请，项目监理机构对施工单位报送的工程复工报审表和有关资料进行审查，符合要求后，总监理工程师签署审核意见并报建设单位同意后，签发工程复工令，工程复工。

（6）项目监理机构应及时向建设单位提交质量事故书面报告，并将质量事故处理记录和有关资料进行归档整理。

小贴士

质量事故书面报告应包括的内容如下。

（1）工程及各参建单位名称。

（2）质量事故发生的时间、地点、工程部位。

（3）质量事故发生的简要经过、造成工程损伤状况、伤亡人数和直接经济损失的初步估计。

（4）质量事故发生原因的初步判断。

（5）质量事故发生后采取的措施和处理方案。

（6）质量事故处理的过程和结果。

3）工程质量事故的处理方法

工程质量事故的处理方法通常包括修补处理、返工处理、不做处理等。

（1）修补处理是比较常用的处理方法，该方法适用于工程的某个检验批、分项或分部工程的质量虽未能达到规范、标准或设计要求，存在一定的缺陷，但通过修补或更换构配件、设备后可达到相应要求，且不影响使用功能和外观要求的情况。

（2）返工处理适用于当工程质量未达到规范、标准或设计要求，存在严重的质量缺陷，对结构的使用和安全构成重大影响，且无法通过修补处理进行纠正，需要对检验批、分项或分部工程甚至整个工程返工处理的情况。

（3）不做处理适用于某些工程质量缺陷未达到规范、标准或设计要求，但视其严重程度，经过分析、论证、法定检测单位鉴定和设计等有关单位认可，对工程或结构使用及安全影响不大，可不做专门处理的情况。

通常不做专门处理的情况有以下几种。

① 不影响结构安全和正常使用的质量缺陷。

② 经过后续工序可以弥补的质量缺陷。

③ 经法定检测单位鉴定合格的质量缺陷。

④ 经检测鉴定达不到设计要求，但经原设计单位核算，仍能满足结构安全和使用功能的质量缺陷。

创想天地

建筑工程质量控制是保障建筑工程项目安全可靠的基础，不仅关系着人民群众的生命财产安全，还影响着建筑企业的信誉与长远发展，更推动着建筑行业技术进步和可持续发展。请结合工程实例，分析监理人员应如何建立健全的质量反馈和追溯机制，以迅速查明质量问题的产生原因，并确定有效的质量控制措施，从而保证工程质量？

项目知识检测

1. 填空题

（1）造价目标的分解按造价控制目标和要求的不同，可分为________________、________________和________________3 类。

（2）对工程的实际进度和计划进度进行比较的方法包括________________、________________、________________、________________、________________5 种。

（3）建筑工程质量控制的依据主要包括______________，______________，有关质量管理方面的______________、______________和______________，______________。

（4）工程质量事故的处理方法通常包括________________、________________、________________等。

2. 选择题

（1）下列选项中，不能使用凭据法进行工程计量的是（　　）。

A．建筑工程保险费　　B．第三方责任险

C．履约保证金　　D．设备保养

（2）关于横道图，下列说法正确的是（　　）。

A．编制简单、使用方便

B．能明确反映出工程费用与工期之间的关系

C．能明确影响工期的关键工作和关键线路

D．能明确各项工作所具有的机动时间

（3）在图纸会审过程中，由（　　）整理会议纪要。

A．建设单位　　B．设计单位　　C．施工单位　　D．项目监理机构

（4）某工程发生质量事故，造成 2 人死亡，总经济损失达 5 200 万元，其中直接经济损失为 3 800 万元，间接经济损失为 1 400 万元，该工程质量事故的等级是（　　）。

A．一般事故　　B．较大事故　　C．重大事故　　D．特别重大事故

3. 简答题

（1）简述工程计量的程序。

（2）简述建筑工程进度控制的概念。

（3）简述见证取样的工作程序。

（4）根据工程质量事故造成的人员伤亡或直接经济损失，工程质量事故可分为哪几个等级？

学习成果评价

指导教师对学生的实际学习成果进行评价，学生配合指导教师共同完成表3-12。

表3-12 学习成果评价表

<table>
<tr><td>班级</td><td colspan="2"></td><td>组号</td><td></td><td>日期</td><td></td></tr>
<tr><td>姓名</td><td colspan="2"></td><td>学号</td><td></td><td>指导教师</td><td></td></tr>
<tr><td>学习成果名称</td><td colspan="6">建筑工程目标控制</td></tr>
<tr><td>评价项目</td><td colspan="3">评价内容</td><td>评价方式</td><td>满分/分</td><td>评分/分</td></tr>
<tr><td rowspan="11">知识
（40%）</td><td colspan="3">建筑工程造价控制的概念和动态原理</td><td rowspan="11">理论
测试</td><td>2</td><td></td></tr>
<tr><td colspan="3">施工准备阶段的造价控制</td><td>3</td><td></td></tr>
<tr><td colspan="3">施工阶段的造价控制</td><td>6</td><td></td></tr>
<tr><td colspan="3">建筑工程进度控制的概念和表示方法</td><td>2</td><td></td></tr>
<tr><td colspan="3">施工准备阶段的进度控制</td><td>3</td><td></td></tr>
<tr><td colspan="3">施工阶段的进度控制</td><td>6</td><td></td></tr>
<tr><td colspan="3">建筑工程质量控制的概念和依据</td><td>2</td><td></td></tr>
<tr><td colspan="3">施工准备阶段的质量控制</td><td>3</td><td></td></tr>
<tr><td colspan="3">施工阶段的质量控制</td><td>6</td><td></td></tr>
<tr><td colspan="3">建筑工程施工质量验收</td><td>3</td><td></td></tr>
<tr><td colspan="3">工程质量缺陷及事故处理</td><td>4</td><td></td></tr>
<tr><td rowspan="3">技能
（40%）</td><td colspan="3">编制资金使用计划</td><td rowspan="3">实践
操作</td><td>15</td><td></td></tr>
<tr><td colspan="3">审核施工进度计划</td><td>10</td><td></td></tr>
<tr><td colspan="3">处理工程质量事故</td><td>15</td><td></td></tr>
<tr><td rowspan="5">素养
（20%）</td><td colspan="3">积极参加教学活动，主动学习、思考、讨论</td><td rowspan="5">综合
评判</td><td>5</td><td></td></tr>
<tr><td colspan="3">认真负责，按时完成学习、实践任务</td><td>5</td><td></td></tr>
<tr><td colspan="3">团结协作，与组员之间密切配合</td><td>4</td><td></td></tr>
<tr><td colspan="3">服从指挥，遵守课堂和实训室纪律</td><td>4</td><td></td></tr>
<tr><td colspan="3">守正创新，自信自强</td><td>2</td><td></td></tr>
<tr><td colspan="5">合计</td><td>100</td><td></td></tr>
<tr><td>自我评价</td><td colspan="6"></td></tr>
<tr><td>指导教师评价</td><td colspan="6"></td></tr>
</table>

项目 4

建筑工程安全生产管理

项目导读

建筑工程安全生产管理在施工过程中至关重要，应得到各参建单位的高度重视。建筑工程安全生产管理是建筑施工的基石，也是各参建单位开展各项工作的前提。施工过程中存在着诸多危险因素，容易发生安全事故。因此，做好安全管理工作、实现安全生产是有效预防安全事故发生、确保工程能够顺利进行的基础，也是获得经济效益的前提和保障。

本项目主要介绍建筑工程不同阶段的安全生产管理，以及生产安全事故的调查处理等内容。通过本项目的学习，学生应对建筑工程安全生产管理有一定的了解，并具备处理生产安全事故的能力。

项目目标

知识目标

（1）了解建筑工程安全生产管理的概念和方针。

（2）掌握监理单位在建筑工程施工准备阶段和施工阶段的安全生产管理工作。

（3）掌握生产安全事故的等级划分方法和生产安全事故调查处理的有关要求。

技能目标

（1）能检查建筑工程安全生产工作。

（2）能处理生产安全事故。

素质目标

（1）弘扬科学严谨、精益求精的工匠精神。

（2）养成防杜渐微、防患未然的工作作风。

任务 4.1 认识建筑工程安全生产管理体系

任务引入

某工程基础部分已完工，主体结构也已完成了 3 层。然而，随着工程的推进，监理工程师发现施工单位在施工过程中存在一些安全问题，如施工人员未正确佩戴安全帽、安全带，脚手架未按规范要求设置横向水平杆等。为了确保生产安全，在五一假期前，建设单位和监理单位决定联合组织一次节前安全检查，并要求负责该项目的管理人员也参与进来。假如你是总监理工程师，你将采取哪些措施来协同建设单位进行建筑工程安全生产检查？

本任务主要介绍建筑工程安全生产管理的概念和方针，施工准备阶段和施工阶段的安全生产管理等内容，知识与技能要求如表 4-1 所示。

表 4-1 知识与技能要求

任务内容	认识建筑工程安全生产管理体系	学习程度		
		识记	理解	应用
学习任务	建筑工程安全生产管理概述	●		
	施工准备阶段的安全生产管理		●	
	施工阶段的安全生产管理		●	
实训任务	检查建筑工程安全生产工作			●
自我勉励				

任务工单——检查建筑工程安全生产工作

1. 学生分组

学生以 3～5 人为一组，各小组选出组长并进行任务分工，将小组成员及分工情况填入表 4-2 中。

表 4-2　小组成员及分工情况

<table>
<tr><td>班级</td><td></td><td>组号</td><td></td><td>指导教师</td><td></td></tr>
<tr><td>小组成员</td><td>姓名</td><td>学号</td><td colspan="3">任务分工</td></tr>
<tr><td>组长</td><td></td><td></td><td colspan="3"></td></tr>
<tr><td rowspan="4">组员</td><td></td><td></td><td colspan="3"></td></tr>
<tr><td></td><td></td><td colspan="3"></td></tr>
<tr><td></td><td></td><td colspan="3"></td></tr>
<tr><td></td><td></td><td colspan="3"></td></tr>
</table>

2. 实施准备

（1）各小组查阅并整理相关资料，确定检查的时间、范围、重点内容和参与人员，然后制订检查计划，将制订好的检查计划提交给指导教师。

（2）指导教师对各小组提交的检查计划进行梳理、比较，从中选择一个最优计划，然后将其作为检查建筑工程安全生产工作的实施方案。在检查开始前，需要对参与检查的人员（即检查人员）进行相应的培训，以确保检查人员对检查工作有充分的了解。

3. 任务实施

1）检查施工现场

根据检查计划，检查人员对施工现场进行实地检查。检查人员需要重点关注施工人员的安全防护措施、脚手架的安装情况、施工机具的运行状况等。检查内容：____。

2）现场指导与交流

在检查过程中，检查人员应及时与施工单位进行沟通，指出存在的安全隐患。安全隐患：____。

检查人员应提供针对性的指导意见。指导意见：____。

3）记录与汇总问题

检查人员应详细记录检查过程中发现的问题，如____等。

检查结束后，检查人员需要对记录的内容进行汇总整理，形成检查报告。检查报告的内容：____，并提交给相关部门。

4）跟进和复查

对检查过程中发现的问题进行持续跟踪，督促施工单位按时完成整改工作，以确保施工现场的安全。

5）任务总结

____。

笔记

4.1.1　建筑工程安全生产管理概述

1. 建筑工程安全生产管理的概念

建筑工程安全生产管理是指建筑工程有关单位及部门为保证建筑工程安全生产所进行的计划、组织、指挥、协调、控制等一系列管理活动。建筑工程安全生产管理的目的是保护参建人员在生产过程中的安全与健康，保证国家和人民的财产不受损失，保证工程项目的顺利进行。

建筑工程安全生产的特点

2. 建筑工程安全生产管理的方针

《建筑法》规定，建筑工程安全生产管理必须坚持安全第一、预防为主的方针，建立健全安全生产的责任制度和群防群治制度。

小贴士

群防群治制度是指由参建人员共同参与的预防安全事故发生、治理各种安全事故隐患的制度。

“安全第一”是建筑工程安全生产的基本原则和根本目标，明确了建筑工程安全生产在工程建设过程中的重要性，要求从事工程建设活动的全体人员必须树立安全观念，加强安全意识，不能为经济利益或工程进度而牺牲安全。

“预防为主”是建筑工程安全生产的主要途径，要求从事工程建设活动的全体人员必须树立预防为主的观念，并采取相应的预防措施，将安全隐患消灭在萌芽之中。

安全第一、预防为主的方针是建筑工程安全生产管理工作的经验总结，只有认真贯彻执行这一方针，加强建筑工程安全教育和管理，不断改善建筑工程安全生产条件，才能减少建筑工程事故的发生，提高劳动生产效率。

4.1.2　施工准备阶段的安全生产管理

施工准备阶段安全生产管理的监理工作主要如下。

1. 施工单位安全生产管理体系的审查

1）审查施工单位的管理制度、人员资格及验收手续

项目监理机构应审查施工单位现场安全生产规章制度的建立和实施情况；审查施工单位安全生产许可证的符合性和有效性；审查施工单位项目经理、专职安全生产管理人员和特种作业人员的资格；核查施工机具和设施的安全许可验收手续。

施工单位在使用施工起重机械和整体提升脚手架、模板等自升式架设设施前，应当组织有关单位进行验收，也可委托具有相应资质的检验检测单位进行验收；使用承租的机械设备和施工机具及配件的，由施工总承包单位、分包单位、出租单位和安装单位共同进行验收，验收合格的方可使用。

2）审查专项施工方案

项目监理机构应审查施工单位报审的专项施工方案，符合要求的，应由总监理工程师签认后报建设单位。超过一定规模的危险性较大的分部分项工程的专项施工方案，应检查施工单位组织专家进行论证、审查的情况，以及是否附具安全验算结果。项目监理机构应要求施工单位按已批准的专项施工方案组织施工。专项施工方案需要调整时，施工单位应按程序重新提交项目监理机构审查。

专项施工方案审查的基本内容主要如下。

（1）编审程序应符合相关规定。专项施工方案由施工项目经理组织编制，经施工单位技术负责人签字后，才能报送项目监理机构审查。

（2）安全技术措施应符合工程建设强制性标准。

知识拓展

危险性较大的分部分项工程是指房屋建筑和市政基础设施工程在施工过程中，容易导致人员群死群伤或造成重大经济损失的分部分项工程，简称危大工程。为贯彻实施《危险性较大的分部分项工程安全管理规定》(住房城乡建设部令第37号)，进一步加强和规范房屋建筑和市政基础设施工程中危大工程安全管理，《住房城乡建设部办公厅关于实施〈危险性较大的分部分项工程安全管理规定〉有关问题的通知》明确规定了危大工程的范围划分标准，具体如表4-3所示。

表4-3　各种危大工程范围及超过一定规模的危大工程范围

工程类型	危大工程范围	超过一定规模的危大工程范围
基坑工程	（1）开挖深度超过3米（含3米）的基坑（槽）的土方开挖、支护、降水工程 （2）开挖深度虽未超过3米，但地质条件、周围环境和地下管线复杂，或影响毗邻建、构筑物安全的基坑（槽）的土方开挖、支护、降水工程	—
深基坑工程	—	开挖深度超过5米（含5米）的基坑（槽）的土方开挖、支护、降水工程

（续表）

工程类型	危大工程范围	超过一定规模的危大工程范围
模板工程及支撑体系	（1）各类工具式模板工程：滑模、爬模、飞模、隧道模等模板工程 （2）混凝土模板支撑工程：搭设高度5米及以上，或搭设跨度10米及以上，或施工总荷载（荷载效应基本组合的设计值，以下简称设计值）10 kN/m² 及以上，或集中线荷载（设计值）为15 kN/m及以上，或高度大于支撑水平投影宽度且相对独立无联系构件的混凝土模板支撑工程 （3）承重支撑体系：用于钢结构安装等满堂支撑体系	（1）各类工具式模板工程：滑模、爬模、飞模、隧道模等模板工程 （2）混凝土模板支撑工程：搭设高度8米及以上，或搭设跨度18米及以上，或施工总荷载（设计值）15 kN/m² 及以上，或集中线荷载（设计值）20 kN/m及以上 （3）承重支撑体系：用于钢结构安装等满堂支撑体系，承受单点集中荷载7 kN及以上
起重吊装及起重机械安装拆卸工程	（1）采用非常规起重设备、方法，且单件起吊重量在10 kN及以上的起重吊装工程 （2）采用起重机械进行安装的工程 （3）起重机械安装和拆卸工程	（1）采用非常规起重设备、方法，且单件起吊重量在100 kN及以上的起重吊装工程 （2）起重量300 kN及以上，或搭设总高度200米及以上，或搭设基础标高200米及以上的起重机械安装和拆卸工程
脚手架工程	（1）搭设高度为24米及以上的落地式钢管脚手架工程（包括采光井、电梯井脚手架） （2）附着式升降脚手架工程 （3）悬挑式脚手架工程 （4）高处作业吊篮 （5）卸料平台、操作平台工程 （6）异型脚手架工程	（1）搭设高度50米及以上的落地式钢管脚手架工程 （2）提升高度在150米及以上的附着式升降脚手架工程或附着式升降操作平台工程 （3）分段架体搭设高度20米及以上的悬挑式脚手架工程
拆除工程	可能影响行人、交通、电力设施、通信设施或其他建、构、筑物安全的拆除工程	（1）码头、桥梁、高架、烟囱、水塔或拆除中容易引起有毒有害气（液）体或粉尘扩散、易燃易爆事故发生的特殊建、构筑物的拆除工程 （2）文物保护建筑、优秀历史建筑或历史文化风貌区影响范围内的拆除工程
暗挖工程	采用矿山法、盾构法、顶管法施工的隧道、洞室工程	采用矿山法、盾构法、顶管法施工的隧道、洞室工程
其他工程	（1）建筑幕墙安装工程 （2）钢结构、网架和索膜结构安装工程 （3）人工挖孔桩工程 （4）水下作业工程 （5）装配式建筑混凝土预制构件安装工程 （6）采用新技术、新工艺、新材料、新设备可能影响工程施工安全，尚无国家、行业及地方技术标准的分部分项工程	（1）施工高度50米及以上的建筑幕墙安装工程 （2）跨度36米及以上的钢结构安装工程，或者跨度60米及以上的网架和索膜结构安装工程 （3）开挖深度16米及以上的人工挖孔桩工程 （4）水下作业工程 （5）重量1 000 kN及以上的大型结构整体顶升、平移、转体等施工工艺 （6）采用新技术、新工艺、新材料、新设备可能影响工程施工安全，尚无国家、行业及地方技术标准的分部分项工程

2. 施工单位安全生产管理制度的检查

项目监理机构对施工单位安全生产管理制度的检查主要包括以下几个方面。

1）安全生产责任制度

施工单位主要负责人依法对本单位的安全生产工作全面负责。施工单位应当建立健全安全生产责任制度，制定安全生产规章制度和操作规程，保证本单位安全生产条件所需资金的投入，对所承担的建筑工程进行定期和专项安全检查，并做好安全检查记录。

施工单位的项目负责人应当由取得相应执业资格的人员担任，对建筑工程的安全施工负责，落实安全生产责任制度、安全生产规章制度和操作规程，确保安全生产费用的有效使用，并根据工程的特点组织制定安全施工措施，消除安全事故隐患，及时、如实报告生产安全事故。

建筑工程实行施工总承包的，由总承包单位对施工现场的安全生产负总责。总承包单位依法将建筑工程分包给其他单位的，分包合同中应当明确各自的安全生产方面的权利、义务。总承包单位和分包单位对分包工程的安全生产承担连带责任。分包单位应当服从总承包单位的安全生产管理，若分包单位不服从管理导致生产安全事故，则由分包单位承担主要责任。

2）施工现场安全生产管理制度

施工单位应当设立安全生产管理机构，配备专职安全生产管理人员。工程施工前，施工单位负责项目管理的技术人员应当对有关安全施工的技术要求向施工作业班组、作业人员作出详细说明，并由双方签字确认。专职安全生产管理人员负责对安全生产进行现场监督检查，一旦发现安全事故隐患，应当及时向项目负责人和安全生产管理机构报告；对违章指挥、违章操作应当立即制止。

安全生产管理工作贯穿于建筑工程全过程。这对于保障员工与公众的生命安全与健康、提高企业经营效率与竞争力、促进社会经济可持续发展，以及培养员工的安全意识与责任感等都具有重要的意义。在日常的学习和工作中，我们应当树立以人为本的价值观，把生命安全放在首位，强化安全意识，注重细节管理。同时，我们应严格遵守安全规章制度与法律法规，确保每一步操作都合法合规，从而共同营造一个安全稳定的社会环境。

3）安全生产教育培训制度

施工单位的主要负责人、项目负责人、专职安全生产管理人员应当经建设行政主管部门或其他有关部门考核合格后方可任职。施工单位应当建立健全安全生产教育培训制度，应当对管理人员和作业人员每年至少进行一次安全生产教育培训，其教育培训情况记入个人工作档案。安全生产教育培训考核不合格的人员，不得上岗。作业人员进入新的岗位或新的施工现场前，应当接受安全生产教育培训。未经安全生产教育培训或安全生产教育培训考核不合格的人员，不得上岗作业。施工单位在采用新技术、新工艺、新设备、新材料时，应当对作业人员进行相应的安全生产教育培训。特种作业人员必须按国家有关规定经过专门的安全作业培训，并取得特种作业操作资格证书后，方可上岗作业。

3. 安全文明施工措施的检查

监理单位对承包单位安全文明施工措施的检查主要包括以下方面。

（1）承包单位应针对“三宝”“四口”“五临边”采取相应的安全防护措施，如设置安全围挡、放置明显的安全警示标志等。承包单位在市区内施工时，应对施工现场实行封闭围挡。

知识拓展

“三宝”分别指安全帽、安全带和安全网。“四口”分别指楼梯口、电梯井口、通道口和预留洞口。“五临边”分别指沟、坑、槽和深基础周边，楼层周边，楼梯侧边，平台或阳台边，屋面周边。在施工过程中，施工人员在高处、洞口、临边等危险区域作业时，要特别注意“三宝”的正确使用。

（2）承包单位应在施工现场建立消防安全责任制度，确定消防安全责任人，制订用火、用电，以及使用易燃、易爆材料等各项消防安全管理制度和操作规程，设置消防通道、消防水源，配备消防设施和灭火器材，并在施工现场入口处设置明显的防火标志。

（3）承包单位应根据施工阶段、周围环境、季节气候的变化，在施工现场采取相应的安全施工措施。

（4）承包单位对施工可能造成损害的毗邻建筑物、构筑物和地下管线，应当采取专项防护措施。

（5）承包单位应遵守环保法律法规，在施工现场采取必要的环保措施，防止或减少粉尘、废水、废气、固体废物、噪声、振动和施工照明对人和环境的危害和污染。

（6）承包单位应分开设置施工现场的办公区、生活区和作业区，并保持安全距离。办公区、生活区的选址应符合安全性要求。职工膳食、饮水应符合卫生标准，不得在尚未完工的建筑物内设员工集体宿舍。临时性建筑必须在建筑物 20 m 以外，不得建在煤气管道和高压架空线路下方。

案例分析

【案例 4-1】某承包单位承接了某小区的外墙保温层维修工程。在施工过程中，承包单位直接将铲下的保温砂浆从高空抛下，且未设置围挡，导致该小区扬尘严重。该承包单位因赶进度不分昼夜地工作，产生了巨大的噪声，严重影响了居民休息。同时，因施工需要，承包单位经常给附近居民断水断电，造成小区居民生活用水用电极其不便，这一系列行为引发了小区居民的强烈不满。请问：监理单位在该项目的安全文明施工措施检查中存在哪些失职行为？

【分析】在该项目中，监理单位的失职行为主要有：① 监理单位未检查承包单位在施工现场采取的环保措施，使得粉尘、固体废物、噪声对居民造成了严重影响；② 监理单位未检查承包单位对施工现场的封闭围挡，污染了小区环境；③ 监理单位未检查承包单位对施工可能造成损害的毗邻建筑物、构筑物和地下管线，未要求承包单位采取专项防护措施，导致小区经常断水断电。

4.1.3 施工阶段的安全生产管理

监理单位在施工阶段的安全生产管理工作主要如下。

（1）监督施工单位按施工组织设计中的安全技术措施和专项施工方案组织施工，并检查施工单位对安全技术措施的落实情况。及时制止施工人员的违规操作，减少或避免施工过程中施工安全事故的发生。

（2）审查施工单位报审的建筑起重机械等特种设备的制造许可证、产品合格证、备案及使用登记证明等文件，核查特种设备的制造安装许可和验收手续，检查建筑起重机械等特种设备的安装和安全使用情况。对于已进场但经检验不合格的特种设备，应要求施工单位限期将其撤出施工现场；对于已进场且检验合格的特种设备，应要求施工单位定期进行维护和保养。

（3）检查施工现场各种安全标志和安全防护措施和安全生产费用的使用情况。

（4）督促施工单位进行安全自查工作，并对施工单位的自查情况进行抽查，参加建设单位组织的安全生产专项检查。

（5）审查施工现场的安全用电情况，如电箱的巡检记录、电缆的埋设情况等，减少或避免触电事故的发生。

创想天地

建筑工程安全生产不仅关乎各参建单位和社会的经济利益，更关乎员工的生命安全、社会的和谐稳定及法律法规的严格遵守。在安全生产管理过程中，监理单位不仅需要担负起监督和管理的重任，还需要协调各参建单位之间的利益。因此，当各参建单位的利益发生冲突时，监理单位应采取哪些有效措施协调各参建单位之间的利益，以确保安全生产目标的顺利实现？

任务4.2　处理生产安全事故

任务引入

某日，在某施工现场，分包单位擅自将卸料平台由第9层提升至第10层，将卸料平台安装完成后，分包单位未按专项施工方案的要求进行报验。3日后，施工人员开始进行塔吊的顶升作业，卸料平台上的物料转移吊运工作暂停。当日下午，分包单位在塔吊暂停使用的情况下，又安排施工人员将拆卸的脚手管放在卸料平台上。1小时后，卸料平台突然发生侧翻，正在平台上工作的3名施工人员从高处坠落，不幸遇难。各有关部门及单位该如何处理此次生产安全事故呢？

本任务主要介绍生产安全事故的等级划分和调查处理等内容，知识与技能要求如表4-4所示。

表4-4　知识与技能要求

任务内容	处理生产安全事故	学习程度		
		识记	理解	应用
学习任务	生产安全事故的等级划分		●	
	生产安全事故的调查处理		●	
实训任务	处理生产安全事故			●
自我勉励				

任务工单——处理生产安全事故

1. 学生分组

学生以3～5人为一组，各小组选出组长并进行任务分工，将小组成员及分工情况填入表4-5中。

表4-5 小组成员及分工情况

班级		组号		指导教师	
小组成员	姓名	学号	任务分工		
组长					
组员					

2. 实施准备

（1）各小组查阅并整理相关资料，确定生产安全事故的处理流程，然后设计处理方案，将设计好的处理方案提交给指导教师。

（2）指导教师带领学生一起学习《建筑法》《安全生产法》等相关法律法规和地方性的建筑生产安全管理规定，并对各小组提交的处理方案进行梳理、比较，从中选择一个最优方案，然后将其作为处理生产安全事故的实施方案。

3. 任务实施

1）事故响应

（1）启动应急预案。施工现场应立即启动应急预案，停止所有作业活动，采取应急救援措施。应急救援措施：____

____

____。

（2）医疗救护。承包单位、建设单位、监理单位等单位配合有关部门立即对事故人员进行紧急救援和医疗救护，并拉起警戒带，防止闲杂人等进入。

（3）保护事故现场。保护事故现场的措施：________________________________

____

____。

2）事故调查

（1）成立事故调查组。该起事故等级属于____________。根据该起事故等级，确定调查组成员。调查组成员：______________________________。

（2）收集事故现场的证据。事故调查组到达现场后，收集事故现场的证据。证据：____。

（3）分析事故原因。通过事故调查组的调查分析，该起事故的直接原因：____。

间接原因：____。

3）责任追究

根据调查结果，对该起事故负有责任的单位和个人进行追责和处罚。

（1）对该起事故负有责任的单位：____________________________，处罚措施：____________________________________。

（2）对该起事故负有责任的个人：____________________________，处罚措施：____________________________________。

4）整改与预防

（1）针对该起事故的原因，制订详细的整改与预防措施。整改与预防措施：____。

（2）加强施工现场的安全教育与培训，增强施工人员的安全意识。安全教育与培训内容：____。

（3）完善施工现场的安全管理制度，加强对分包单位的管理和监督。管理和监督措施：____。

5）事故调查报告提交

事故调查组在调查结束后，向有关部门提交事故调查报告。事故调查报告的内容：____。

6）任务总结

____。

4.2.1 生产安全事故的等级划分

为规范生产安全事故的报告和调查处理，落实生产安全事故责任追究制度，防止和减少生产安全事故，《生产安全事故报告和调查处理条例》明确规定了根据生产安全事故造成的人员伤亡或者直接经济损失，生产安全事故一般分为特别重大事故、重大事故、较大事故、一般事故 4 个等级。

知识拓展

生产安全事故按产生原因的不同，可分为高处坠落、物体打击、机械伤害、坍塌、触电等类型。

（1）高处坠落事故通常是由安全防护设施不完善，施工人员安全意识薄弱、操作不规范等引起的。为避免高处坠落事故的发生，施工单位应加强安全生产管理，落实安全生产教育培训，完善安全防护设施，以确保施工人员的安全；同时，施工人员还应严格遵守安全操作规程，加强安全意识，正确使用安全防护用品。

（2）物体打击事故通常是由施工人员操作不规范、安全防护措施不到位、物体飞溅、重物起吊时散落、施工人员从高处向下抛掷物体等引起的。为避免物体打击事故的发生，施工单位应加强施工现场安全生产管理，完善安全防护措施；同时，施工人员还应加强安全意识，正确使用安全防护用品。

（3）机械伤害通常是由施工人员操作不规范、机械故障等引起的。在施工过程中，施工人员经常会接触施工现场的各种机械设备，如钢筋切割机、起重机、搅拌机等。为避免机械伤害事故的发生，施工单位应加强机械设备的维护，以确保机械设备的正常运行；同时，施工人员还应注意观察机械设备的安全警示标志和操作说明，严格遵守机械操作规程，正确使用机械设备。

（4）坍塌事故通常是由结构设计不合理、地基承载力不足、施工方法不当等引起的。为避免坍塌事故的发生，施工单位应严格审查施工方案，以确保工程的结构稳定性和安全性；同时，施工人员还应加强安全意识，及时发现并处理安全隐患。

（5）触电事故通常是由施工用电不规范（如电线裸露、电气设备漏电）等引起的。为避免触电事故的发生，施工单位应定期检查电气设备，安装漏电保护装置，严格执行电工持证上岗制度；同时，施工人员还应加强电气安全防护意识，严格遵守安全操作规程。

4.2.2 生产安全事故的调查处理

1. 事故调查组及其职责

特别重大生产安全事故由国务院或国务院授权有关部门组织事故调查组进行调查。重大事故、较大事故、一般事故分别由事故发生地省级人民政府、设区的市级人民政府、县级人民政府负责调查。省级人民政府、设区的市级人民政府、县级人民政府可以直接组织事故调查组进行调查，也可以授权或委托有关部门组织事故调查组进行调查。未造成人员伤亡的一般事故，县级人民政府也可以委托事故发生单位组织事故调查组进行调查。

事故调查处理应当坚持实事求是、尊重科学的原则，及时、准确地查清事故经过、事故原因和事故损失，查明事故性质，认定事故责任，总结事故教训，提出整改措施，并对事故责任者依法追究责任。

事故调查组应履行的职责如下。

（1）查明事故发生的经过、原因、人员伤亡情况及直接经济损失。

（2）认定事故的性质和事故责任。

（3）提出对事故责任者的处理建议。

（4）总结事故教训，提出防范和整改措施。

（5）提交事故调查报告。

知识拓展

生产安全事故发生后，施工单位应立即启动应急救援预案，采取必要的应急救援措施抢救遇险人员，防止事故扩大，并及时上报。应急救援措施主要如下。

（1）迅速控制危险源，组织抢救遇险人员。

（2）根据事故危害程度，组织现场人员撤离或在采取可能的应急措施后撤离。

（3）及时通知可能受到事故影响的单位和人员。

（4）采取必要措施，防止事故危害扩大和次生、衍生灾害发生。

（5）根据需要请求邻近的应急救援队伍参加救援，并向参加救援的应急救援队伍提供相关技术资料、信息和处置方法。

（6）维护事故现场秩序，保护事故现场和相关证据。

（7）法律、法规规定的其他应急救援措施。

2. 事故调查的有关要求

事故调查的有关要求如下。

（1）事故调查组有权向有关单位和个人了解与事故有关的情况，并要求其提供相关文件、资料，有关单位和个人不得拒绝。

（2）事故发生单位的负责人和有关人员在事故调查期间不得擅离职守，并随时接受事故调查组的询问，如实提供有关情况。

（3）事故调查中需要进行技术鉴定的，事故调查组应当委托具有国家规定资质的单位进行技术鉴定。必要时，事故调查组可以直接组织专家进行技术鉴定。技术鉴定所需时间不计入事故调查期限。

3. 事故调查报告

事故调查组应当自事故发生之日起 60 日内提交事故调查报告；特殊情况下，经负责事故调查的人民政府批准，提交事故调查报告的期限可以适当延长，但延长的期限最长不超过 60 日。

事故调查报告应包括的内容如下。

（1）事故发生单位概况。

（2）事故发生经过和事故救援情况。

（3）事故造成的人员伤亡和直接经济损失。

（4）事故发生的原因和事故性质。

（5）事故责任的认定以及对事故责任者的处理建议。

（6）事故防范和整改措施。

事故调查报告应附具有关证据材料。事故调查组成员应在事故调查报告上签名。

4. 事故处理

重大事故、较大事故、一般事故，负责事故调查的人民政府应当自收到事故调查报告之日起 15 日内做出批复；特别重大事故，30 日内做出批复，特殊情况下，批复时间可以适当延长，但延长的时间最长不超过 30 日。

有关机关应当按人民政府的批复，依照法律、行政法规规定的权限和程序，对事故发生单位和有关人员进行行政处罚，对负有事故责任的国家工作人员进行处分。事故发生单位应当按负责事故调查的人民政府的批复，对本单位负有事故责任的人员进行处理。负有事故责任的人员涉嫌犯罪的，依法追究刑事责任。

创想天地

建筑工程施工过程中的首要任务是预防安全事故的发生，这要求所有参建单位严格遵守安全规范，强化现场安全管理，及时排查并消除安全隐患，确保施工人员和施工环境的安全。然而，一旦不幸发生安全事故，监理单位就需要担负起应有的责任和义务，及时且正确地处理安全事故。如果你是监理工程师，面对施工过程中不幸发生的安全事故，你会采取哪些处理措施？请详细列出你的处理过程。

项目知识检测

1．填空题

（1）建筑工程安全生产管理的方针是＿＿＿＿＿＿第一、＿＿＿＿＿＿为主。

（2）项目监理机构对施工单位安全生产管理制度的检查主要包括＿＿＿＿＿＿＿＿＿＿＿＿、＿＿＿＿＿＿＿＿＿＿＿＿、＿＿＿＿＿＿＿＿＿＿＿＿3 个方面。

（3）生产安全事故一般分为＿＿＿＿＿＿＿＿＿＿、＿＿＿＿＿＿＿＿＿＿、＿＿＿＿＿＿＿＿＿＿、＿＿＿＿＿＿＿＿＿＿4 个等级。

2．选择题

（1）项目监理机构应审查施工单位报审的专项施工方案，符合要求的，应由（　　）签认后报建设单位。

A．施工单位　　B．总监理工程师

C．设计单位　　D．项目经理

（2）以下选项中，应组织专家进行论证、审查的是（　　）。

A．开挖深度超过 3 米（含 3 米）的基坑（槽）的土方开挖、支护、降水工程

B．用于钢结构安装等的满堂支撑体系

C．提升高度在 150 米及以上的附着式升降脚手架工程或附着式升降操作平台工程

D．起重机械安装和拆卸工程

（3）在建筑工程施工过程中，“四口”不包括（　　）。

A．预留洞口　　B．楼梯口　　C．大门口　　D．通道口

（4）下列选项中，不属于事故调查组应履行的职责是（　　）。

A．及时通知可能受到事故影响的单位和人员

B．提出对事故责任者的处理建议

C．总结事故教训，提出防范和整改措施

D．提交事故调查报告

3．简答题

（1）简述建筑工程安全生产管理的概念。

（2）简述专项施工方案审查的基本内容。

（3）简述监理单位在施工阶段的安全生产管理工作。

（4）简述生产安全事故的应急救援措施。

（5）简述事故调查报告应包括的内容。

学习成果评价

指导教师对学生的实际学习成果进行评价，学生配合指导教师共同完成表 4-6。

表 4-6　学习成果评价表

<table>
<tr><td>班级</td><td></td><td>组号</td><td></td><td>日期</td><td></td></tr>
<tr><td>姓名</td><td></td><td>学号</td><td></td><td>指导教师</td><td></td></tr>
<tr><td>学习成果名称</td><td colspan="5">建筑工程安全生产管理</td></tr>
<tr><td>评价项目</td><td colspan="2">评价内容</td><td>评价方式</td><td>满分/分</td><td>评分/分</td></tr>
<tr><td rowspan="5">知识
（40%）</td><td colspan="2">建筑工程安全生产管理的概念和方针</td><td rowspan="5">理论测试</td><td>8</td><td></td></tr>
<tr><td colspan="2">施工准备阶段的安全生产管理</td><td>8</td><td></td></tr>
<tr><td colspan="2">施工阶段的安全生产管理</td><td>8</td><td></td></tr>
<tr><td colspan="2">生产安全事故的等级划分</td><td>8</td><td></td></tr>
<tr><td colspan="2">生产安全事故的调查处理</td><td>8</td><td></td></tr>
<tr><td rowspan="2">技能
（40%）</td><td colspan="2">检查建筑工程安全生产工作</td><td rowspan="2">实践操作</td><td>20</td><td></td></tr>
<tr><td colspan="2">处理生产安全事故</td><td>20</td><td></td></tr>
<tr><td rowspan="5">素养
（20%）</td><td colspan="2">积极参加教学活动，主动学习、思考、讨论</td><td rowspan="5">综合评判</td><td>5</td><td></td></tr>
<tr><td colspan="2">认真负责，按时完成学习、实践任务</td><td>5</td><td></td></tr>
<tr><td colspan="2">团结协作，与组员之间密切配合</td><td>4</td><td></td></tr>
<tr><td colspan="2">服从指挥，遵守课堂纪律</td><td>4</td><td></td></tr>
<tr><td colspan="2">守正创新，自信自强</td><td>2</td><td></td></tr>
<tr><td colspan="4">合计</td><td>100</td><td></td></tr>
<tr><td>自我评价</td><td colspan="5"></td></tr>
<tr><td>指导教师评价</td><td colspan="5"></td></tr>
</table>

项目 5

建筑工程合同及信息管理

项目导读

建筑工程的高效、有序运行离不开严谨的合同管理与精细的信息管理。建筑工程合同明确了合同双方的权利和义务，为合同双方提供了法律保障。通过对建筑工程合同的管理，合同双方能更好地履行合同约定。建筑工程信息则为工程各方提供了必要的信息支持。通过对建筑工程信息的管理，工程各方能快速地分析工程目前的情况并做出正确决策。因此，只有做好建筑工程合同管理及信息管理，才能确保工程的顺利实施。

本项目主要介绍建筑工程合同及信息管理的相关内容。通过本项目的学习，学生应熟悉建筑工程监理合同管理和施工合同管理的基本内容，以及建筑工程信息管理的基本程序，并具备处理建筑工程合同违约行为和建筑工程信息的能力。

项目目标

知识目标

（1）了解建筑工程合同管理的概念和作用。

（2）掌握建筑工程监理合同示范文本和建筑工程施工合同示范文本的内容，以及合同的履行和违约责任。

（3）了解建筑工程信息管理的内容。

（4）掌握归档文件的质量要求、工程文件立卷和归档的方法，以及建筑工程档案验收和移交的要求。

技能目标

（1）能处理建筑工程合同纠纷。

（2）能处理建筑工程信息。

素质目标

（1）弘扬一诺千金、言出必行的契约精神。

（2）培养遵纪守法、恪守不渝的法律意识。

任务 5.1 建筑工程合同管理

任务引入

某建设单位将其负责开发的高层住宅 1 号楼工程交由某施工单位承建，双方在协商一致的情况下签订了施工合同。随后，该施工单位按时进场施工，并顺利完成了该工程的基础部分和主体部分的第 1～5 层。然而，由于建设单位单方面的原因，工程被迫停工。双方再次协商决定终止原先签订的施工合同，并达成一项新的协议。协议规定，建设单位需要在已完工工程验收合格后的 1 个月内，向施工单位支付包括已完工工程量、材料费、人工费等在内的所有相关费用。然而，在已完工工程验收合格后，该建设单位却未在约定时间内向该施工单位支付所有相关费用。面对这一情况，该施工单位应如何处理呢？

本任务主要介绍建筑工程合同管理的概念和作用，建筑工程监理合同管理和建筑工程施工合同管理等内容，知识与技能要求如表 5-1 所示。

表 5-1　知识与技能要求

任务内容	建筑工程合同管理	学习程度		
		识记	理解	应用
学习任务	建筑工程合同管理概述	●		
	建筑工程监理合同管理		●	
	建筑工程施工合同管理		●	
实训任务	处理建筑工程合同纠纷			●
自我勉励				

任务工单——处理建筑工程合同纠纷

1. 学生分组

学生以3～5人为一组，各小组选出组长并进行任务分工，将小组成员及分工情况填入表5-2中。

表 5-2　小组成员及分工情况

班级		组号		指导教师	
小组成员	姓名	学号	任务分工		
组长					
组员					

2. 实施准备

（1）各小组查阅并整理相关资料，确定处理建筑工程合同纠纷的流程和方法，然后设计处理方案，将设计好的处理方案提交给指导教师。

（2）指导教师对各小组提交的处理方案进行梳理、比较，从中选出一个最优方案，然后将其作为处理建筑工程合同纠纷的实施方案。

3. 任务实施

1）确认违约情况

（1）识别出建筑工程合同纠纷中的违约行为。违约行为：____。

（2）收集违约方违约的证据。证据：____。这些证据有助于证明违约事实的存在。

2）协商与调解

在收集到足够的证据后，应先尝试与违约方进行协商，以找到合同双方都能接受的解决方案。解决方案：____。

（1）若合同双方协商达成一致，则可根据协商后的解决方案执行。

（2）若合同双方经协商未达成一致，则可考虑通过第三方机构进行调解。

若合同双方经过调解，纠纷得到处理，则可根据调解后的方案执行。

3）采取法律措施

若合同双方经过调解，纠纷仍无法处理，则受损方可选择向法院提起诉讼。在诉讼过程中，需要利用收集到的证据进行申辩，并请求法院判决违约方承担相应的法律责任。

4）执行

法院在审理中认为：______________________________

____

______________________________，

并要求合同双方按判决结果执行。

5）任务总结

____

____

____

____

______________________________。

笔记

5.1.1　建筑工程合同管理概述

1. 建筑工程合同管理的概念

建筑工程合同管理是指管理建设单位和承包单位双方合作关系，保证建筑工程项目和各项工作满足建筑工程合同要求的过程。建筑工程合同管理包括对勘察设计合同、材料设备采购合同、监理合同、施工合同等多种不同类型合同的管理，涵盖了合同策划、合同履行等多个阶段。

2. 建筑工程合同管理的作用

建筑工程合同管理贯穿整个工程项目，其作用主要包括以下几个方面。

（1）建筑工程合同管理能保证工程顺利实现造价、进度和质量三大目标，进而保证工程的顺利实施。

（2）建筑工程合同管理能促进各方协调合作，减少合同违约和合同纠纷的发生，保证各方按合同约定履行义务。

（3）建筑工程合同管理能保证合同的合法性和规范性，保证合同的签订和实施过程均符合法律法规的要求。

合同是合同双方合作的桥梁，承载着合同双方的合作关系和利益分配方式。在日常工作和生活中，我们会遇到不同类型的合同，履行合同既是我们的义务，也是我们诚实守信的表现。通过遵守合同约定，我们可建立良好的信誉和口碑，从而获得更多的信任和支持，同时也有助于维护法律秩序和社会稳定。

5.1.2　建筑工程监理合同管理

建筑工程监理合同是指建设单位与监理单位就委托的建筑工程监理及相关服务内容签订的用于明确双方义务和责任的合同。其中，建设单位是委托建筑工程监理及相关服务的一方，监理单位是提供建筑工程监理及相关服务的一方。

1. 建筑工程监理合同示范文本

建筑工程监理合同的签订应以 GF—2012—0202《建设工程监理合同（示范文本）》为依据。该示范文本主要由协议书、通用条件和专用条件 3 部分组成。

建设工程监理合同（示范文本）

（1）协议书的内容包括工程概况、词语限定、组成本合同的文件、总监理工程师、签约酬金、期限、双方承诺、合同订立。

（2）通用条件的内容包括合同中所用词语的定义与解释，监理人（监理单位）的义务，委托人（建设单位）的义务，违约责任，支付，合同生效、变更、暂停、解除与终止，争议解决等。

（3）专用条件是对通用条件的细化、完善、补充、修改或另行约定的条款。合同当事人可根据工程项目的具体特点，对通用条件中的某些条款进行补充和修改。

小贴士

（1）相关服务是指监理单位受建设单位的委托，按监理合同约定，在建筑工程勘察、设计、保修等阶段提供的服务活动。

（2）专用条件中的"补充"主要是基于通用条件的明确规定，由合同双方进一步明确该规定的具体内容，从而使通用条件和专用条件中相同序号的条款共同组成一条内容完备的条款；"修改"主要是针对通用条件中双方认为不合适的程序方面的内容进行协议修改。

2．建筑工程监理合同的履行

1）建设单位的义务

建设单位在履行建筑工程监理合同过程中的义务主要如下。

（1）遵守法律。建设单位应遵守法律，并保证监理单位免于承担因建设单位违反法律而引起的任何责任。

（2）发出开始监理通知。建设单位应按约定向监理单位发出开始监理通知。除专用合同条款另有约定外，建设单位应在施工期间为监理单位的现场人员提供办公房间、办公桌椅、互联网接口、生活设施、进出现场交通服务和其他便利条件。

（3）办理证件和批件。法律规定和（或）合同约定由建设单位负责办理的工程建设项目必须履行的各类审批、核准或备案手续，建设单位应当按时办理，监理单位应给予必要的协助。法律规定和（或）合同约定由监理单位负责办理的监理所需的证件和批件，建设单位应给予必要的协助。

（4）支付合同价款。建设单位应按合同约定向监理单位及时支付合同价款。

（5）提供监理资料。建设单位应按约定向监理单位提供监理资料。

（6）其他义务。建设单位应履行合同约定的其他义务。

2）监理单位的义务

监理单位在履行建筑工程监理合同过程中的义务主要如下。

（1）监理单位应遵守法律，并保证建设单位免于承担因监理单位违反法律而引起的任何责任。监理单位应按有关法律规定纳税，应缴纳的税金（含增值税）包括在合同价格之中。监理单位应按合同约定以及建设单位要求，完成合同约定的全部工作，并对工作中的任何缺陷进行整改，使其满足合同约定的目的。

（2）除专用合同条款另有约定外，履约保证金自合同生效之日起生效，在建设单位签发竣工验收证书之日起28日后失效。如果监理单位不履行合同约定的义务或履行不到位，建设单位有权扣划相应金额的履约保证金。

（3）联合体各方应共同与建设单位签订合同。联合体各方应为履行合同承担连带责任。联合体协议经建设单位确认后作为合同附件。在履行合同过程中，未经建设单位同意，不得修改联合体协议。联合体牵头人或联合体授权的代表负责与建设单位联系，并接受指示，负责组织联合体各成员全面履行合同。

（4）监理单位应按合同的约定指派总监理工程师，并在约定的期限内到职。监理单位更换总监理工程师应事先征得建设单位同意，并在更换14天前将拟更换的总监理工程师的姓名和详细资料提交建设单位。总监理工程师2天内不能履行职责的，应事先征得建设单位同意，并委派代表代行其职责。总监理工程师应按合同约定以及建设单位要求，负责组织合同工作的实施。在情况紧急下无法与建设单位取得联系时，可采取保证工程和人员生命财产安全的紧急措施，并在采取措施后24小时内向建设单位提交书面报告。监理单位为履行合同发出的一切函件均应盖有监理单位章或由监理单位授权的项目机构章，并由监理单位的总监理工程师签字确认。按专用合同条款约定，总监理工程师可以授权其下属人员履行其某项职责，但事先应将这些人员的姓名和授权范围书面通知建设单位和承包单位。

（5）监理单位应在接到开始监理通知之日起7天内，向建设单位提交监理项目机构组织形式和人员构成的报告，其内容应包括项目机构设置、主要监理人员和作业人员的名单及资格条件。主要监理人员应相对稳定，更换主要监理人员的，应取得建设单位的同意，并向建设单位提交继任人员的资格、管理经验等资料。总监理工程师的更换，应按有关规定执行。除专用合同条款另有约定外，主要监理人员包括总监理工程师、专业监理工程师等；其他人员包括各专业的监理员、资料员等。监理单位应保证其主要监理人员在合同期限内的任何时候，都能按时参加建设单位组织的工作会议。国家规定应当持证上岗的工作人员均应持有相应的资格证明，建设单位有权随时检查。建设单位认为有必要时，可以进行现场考核。

（6）监理单位应对项目监理机构的总监理工程师和其他人员进行有效管理。建设单位要求撤换不能胜任本职工作、行为不端或玩忽职守的总监理工程师和其他人员的，监理单位应予以撤换。

（7）监理单位应与其雇佣的人员签订劳动合同，并按时发放工资。监理单位应按《中华人民共和国劳动法》的规定安排工作时间，保证其雇佣的人员享有休息和休假的权利。因监理需要占用休假日或延长工作时间的，应不超过法律规定的限度，并按法律规定给予补休或付酬。监理单位应按有关法律规定和合同约定，为其雇佣的人员办理保险。

（8）建设单位按合同约定支付给监理单位的各项价款，监理单位应专用于合同监理工作。

知识拓展

除专用条件另有约定外，监理单位的工作主要如下。

（1）收到工程设计文件后编制监理规划，并在第一次工地会议7天前报送建设单位。根据有关规定和监理工作需要，编制监理实施细则。

（2）熟悉工程设计文件，并参加由建设单位主持的图纸会审和设计交底会议。

（3）参加由建设单位主持的第一次工地会议，主持监理例会并根据工程需要主持或参加专题会议。

（4）审查承包单位提交的施工组织设计，重点审查其中的质量安全技术措施、专项施工方案与工程建设强制性标准的符合性。

（5）检查承包单位工程质量管理制度、安全生产管理制度、组织机构和人员资格。

（6）检查承包单位专职安全生产管理人员的配备情况。

（7）审查承包单位提交的施工进度计划，核查承包单位对施工进度计划的调整。

（8）检查承包单位的试验室。

（9）审核分包单位的资质条件。

（10）审查承包单位的施工测量放线成果。

（11）审查工程开工条件，对条件具备的签发开工令。

（12）审查承包单位报送的工程材料、构配件、设备质量证明文件的有效性和符合性，并按规定对用于工程的材料采取平行检验或见证取样的方式进行抽检。

（13）审核承包单位提交的工程款支付申请，签发或出具工程款支付证明材料，并报建设单位审核、批准。

（14）在巡视、旁站和检验过程中，发现工程质量、施工安全存在事故隐患的，要求承包单位整改并报建设单位。

（15）经建设单位同意，签发工程暂停令和复工令。

（16）审查承包单位提交的采用新材料、新工艺、新技术、新设备的论证材料及相关验收标准。

（17）验收隐蔽工程、分部分项工程。

（18）审查承包单位提交的工程变更申请，协调处理施工进度调整、费用索赔、合同争议等事项。

（19）审查承包单位提交的竣工验收申请，编写工程质量评估报告。
（20）参加工程竣工验收，签署竣工验收意见。
（21）审查承包单位提交的竣工结算申请并报建设单位。
（22）编制、整理工程监理归档文件并报建设单位。

3. 建筑工程监理合同的违约责任

1）建设单位的违约责任

在监理合同履行过程中，若发生下列情况之一，则视为建设单位违约。

（1）建设单位未按合同约定支付监理报酬。
（2）由建设单位原因造成监理停止。
（3）建设单位无法履行或停止履行合同。
（4）建设单位不履行合同约定的其他义务。

当建设单位违约时，监理单位可向建设单位发出暂停监理通知，并要求建设单位限期纠正。若建设单位逾期未纠正，则监理单位有权解除合同并向建设单位发出解除合同通知。同时，建设单位应承担由违约导致的费用增加、周期延长和监理单位的损失等。

2）监理单位的违约责任

在监理合同履行过程中，若发生下列情况之一，则视为监理单位违约。

（1）监理文件不符合标准规范及合同约定。
（2）监理单位转让监理工作。
（3）监理单位未按合同约定实施监理并造成工程损失。
（4）监理单位无法履行或停止履行合同
（5）监理单位不履行合同约定的义务。

当监理单位违约时，建设单位可向监理单位发出整改通知，并要求监理单位限期纠正。若监理单位逾期未纠正，则建设单位有权解除监理合同并向监理单位发出解除合同通知。同时，监理单位应承担由违约导致的费用增加、周期延长等损失。

小贴士

若因不可抗力造成监理导致合同全部或部分不能履行，则建设单位和监理单位应各自承担由此造成的损失。

5.1.3 建筑工程施工合同管理

建筑工程施工合同是指建设单位和承包单位为完成商定的建筑安装工程施工任务，明确双方权利和义务的合同。其中，建设单位是与承包单位签订合同的当事人；承包单位是与建设单位签订合同的，具有相应工程施工承包资质的当事人。

1. 建筑工程施工合同示范文本

建筑工程施工合同的签订应以 GF—2017—0201《建设工程施工合同（示范文本）》为依据。该示范文本主要由合同协议书、通用合同条款和专用合同条款 3 部分组成。

建设工程施工合同（示范文本）

（1）合同协议书的内容主要包括工程概况、合同工期、质量标准、签约合同价与合同价格形式、项目经理、合同文件构成、承诺、合同生效条件等。

（2）通用合同条款是合同当事人根据有关法律法规的规定，就工程建设的实施及相关事项，对合同当事人的权利和义务作出的原则性约定。通用合同条款的内容主要包括一般约定、建设单位、承包单位、监理单位、工程质量、安全文明施工与环境保护、工期和进度、材料与设备、试验与检验、变更、价格调整、合同价格、计量与支付、验收和工程试车、竣工结算、缺陷责任与保修、违约、不可抗力、保险、索赔、争议解决。这些条款既考虑了法律法规对工程建设的有关要求，也考虑了建筑工程施工管理的特殊需要。

（3）专用合同条款是对通用合同条款的细化、完善、补充、修改或另行约定的条款。合同当事人可根据不同工程的特点和具体情况，通过谈判、协商来对相应的专用合同条款进行修改、补充。

小贴士

除通用合同条款明确说明专用合同条款可作出不同约定外，专用合同条款补充和细化的内容不得与通用合同条款强制性规定相抵触，否则抵触内容无效。

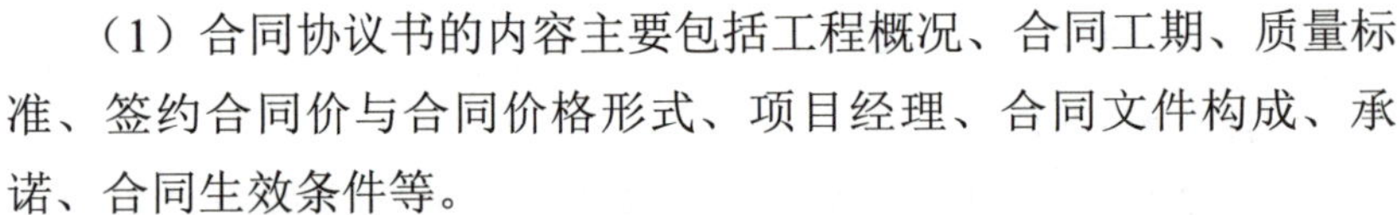

2. 订立合同时应明确的内容

订立合同时应明确的内容如下。

1）施工现场范围和施工临时用地

建设单位应明确施工现场永久工程的占地范围并提供征地图纸，以及属于建设单位施工前期配合义务的有关事项，以便承包单位进行合理的施工组织。

项目施工临时用地若在招标文件中已说明或承包单位在投标书内提出了要求，则建设单位还应明确占地范围及将临时用地移交给承包单位的时间。

2）建设单位提供图纸的期限和数量

对于建设单位提供施工图纸、承包单位负责施工的工程项目，可采用标准施工合同。由于在初步设计完成后即可进行招标，因此订立合同时必须明确约定建设单位向承包单位提供施工图纸的期限和数量。

若承包单位有专利技术和相应的设计资质，则可能约定由承包单位完成部分施工图纸的设计。此时，合同中需要明确承包单位的设计范围、提交设计文件的期限和数量、监理单位签发图纸修改的期限等。

3）建设单位提供的材料和设备

对于包工部分包料的承包方式，设备和主要建筑材料通常由建设单位负责提供。因此，需要明确约定建设单位提供的材料和设备的种类、规格、数量、交货期限和地点等，以便明确合同双方责任。

想一想

除包工部分包料的承包方式外，还有哪些承包方式呢？

4）影响施工的气候条件

在施工过程中，气候是影响工程建设正常进行的重要因素。异常恶劣的气候条件或不利于施工的气候条件会直接影响施工效率，甚至导致工程被迫停工。因此，应根据项目所在地的气候特点，在专用条款中明确异常恶劣的气候条件与不利于施工的气候条件之间的界限，以明确合同双方在气候变化影响施工时的责任。如表5-3所示为不同气候条件的责任承担主体。

表5-3　不同气候条件的责任承担主体

气候条件	责任承担主体
异常恶劣的气候条件	异常恶劣的气候条件对施工的影响应由建设单位承担
不利于施工的气候条件	不利于施工的气候条件对施工的影响应由承包单位承担

5）合同价格调整范围

合同履行期间，市场价格的波动对施工成本造成的影响是否允许调整合同价格，要根据合同工期的长短确定。对于合同工期在12个月以内的工程，施工合同中应不设调价条款。对于合同工期在12个月以上的工程，施工合同中应设有调价条款，由建设单位和承包单位共同承担市场价格变化的风险。

6）保险责任

（1）工程保险。除专用合同条款另有约定外，建设单位应投保建筑工程一切险或安装工程一切险；若建设单位委托承包单位投保，则建设单位应承担承包单位因投保产生的保险费和其他相关费用。

（2）工伤保险。建设单位应根据法律规定，为施工现场的全部员工办理工伤保险，缴纳工伤保险费，并要求监理单位及由建设单位为履行合同而聘请的第三方依法办理工伤保险。承包单位应根据法律规定，为履行合同的全部员工办理工伤保险，缴纳工伤保险费，并要求分包单位及由承包单位为履行合同而聘请的第三方依法办理工伤保险。

（3）其他保险。合同当事人可在专用合同条款中约定，为施工现场的全部人员办理意外伤害保险并支付保险费。除专用合同条款另有约定外，承包单位应为其施工机具等办理财产保险。

3．建筑工程施工合同的履行

1）建设单位的义务

（1）办理许可或批准手续。建设单位应遵守法律，办理法律规定由其办理的许可、批准或备案，并协助承包单位办理法律规定的有关施工证件和批件。

（2）派建设单位代表进驻施工现场。建设单位应在专用合同条款中明确其派驻施工现场的建设单位代表的姓名、职务、联系方式及授权范围等事项。建设单位代表在建设单位的授权范围内，负责处理合同履行过程中与建设单位有关的具体事宜，且建设单位代表在授权范围内的行为由建设单位承担法律责任。建设单位更换建设单位代表的，应提前 7 天书面通知承包单位。若建设单位代表未按合同约定履行其职责及义务，承包单位可要求建设单位撤换建设单位代表。不属于法定必须监理的工程，监理单位的职权可以由建设单位代表或建设单位指定的其他人员行使。

（3）规范建设单位人员行为。建设单位应要求本单位人员在施工现场遵守法律及有关安全、质量、环境保护、文明施工等规定，并保障承包单位免于承受因建设单位人员未遵守上述要求给承包单位造成的损失。建设单位人员包括建设单位代表及其他由建设单位派驻施工现场的人员。

（4）提供施工现场、施工条件和基础资料。建设单位应将施工用水、电力、通信线路等从场外接至施工现场，提供正常施工所需要的进入施工现场的交通条件，协调处理施工现场周围地下管线和邻近建筑物、构筑物、古树名木的保护工作并承担相关费用，在移交施工现场前向承包单位提供施工现场及工程施工所必需的毗邻区域内供水、排水、供电、供气、供热、通信、广播电视等地下管线资料，气象和水文观测资料，地质勘察资料，相邻建筑物、构筑物和地下工程等有关基础资料，并负责所提供资料的真实性、准确性和完整性。

（5）提供资金来源证明及支付担保。除专用合同条款另有约定外，建设单位应在收到承包单位要求提供资金来源证明的书面通知后28天内，向承包单位提供能够按合同约定支付合同价款的相应资金来源证明。建设单位要求承包单位提供履约担保的，建设单位应当向承包单位提供支付担保。支付担保可以采用银行保函或担保公司担保等形式，具体由合同当事人在专用合同条款中约定。

（6）其他事项。建设单位应按合同约定向承包单位及时支付合同价款，并按合同约定及时组织竣工验收。建设单位应与承包单位、分包单位签订施工现场统一管理协议，明确各方的权利义务。施工现场统一管理协议作为专用合同条款的附件。

2）监理单位的义务

若工程项目实施监理，建设单位和承包单位应在专用合同条款中明确监理单位的监理内容及监理权限等事项。

（1）监理单位的一般规定。监理单位应根据建设单位的授权及法律规定，代表建设单位对工程施工相关事项进行检查、查验、审核、验收，并签发相关指示，但监理单位无权修改合同，且无权减轻或免除合同约定的承包单位的任何责任与义务。除专用合同条款另有约定外，监理单位在施工现场的办公场所、生活场所由承包单位提供，所发生的费用由建设单位承担。

（2）监理人员。建设单位授予监理单位的工程监理权由监理单位派驻施工现场的监理人员行使，这些监理人员包括总监理工程师及监理工程师。监理单位应将授权的总监理工程师和监理工程师的姓名及授权范围以书面形式提前通知承包单位。当更换总监理工程师时，监理单位应提前7天书面通知承包单位；当更换其他监理人员时，监理单位应提前48小时书面通知承包单位。

（3）监理单位的指示。监理单位应按建设单位的授权发出监理指示。监理单位的指示应采用书面形式，并经其授权的监理人员签字。紧急情况下，为了保证施工人员的安全和避免工程受损，监理人员可以口头形式发出指示，该指示与书面形式的指示具有同等法律效力，但必须在发出口头指示后24小时内补发书面监理指示，补发的书面监理指示应与口头指示一致。监理单位发出的指示应送达承包单位项目经理或经项目经理授权的接收人员。因监理单位未能按合同约定发出指示、指示延误或发出了错误指示而导致承包单位费用增加和（或）工期延误的，由建设单位承担相应责任。除专用合同条款另有约定外，总监理工程师不应将作出确定的权力授权或委托给其他监理人员。承包单位对监理单位发出的指示有疑问的，应以书面形式向监理单位提出异议，监理单位应在48小时内对该指示予以确认、更改或撤销，监理单位逾期未回复的，承包单位有权拒绝执行上述指示。监理单位对承包单位的任何工作、工程或其采用的材料和设备未在约定的或合理期限内提出意见的，视为批准，但不免除或减轻承包单位对该工作、工程、材料、设备等应承担的责任和义务。

（4）进行商定或确定。合同当事人进行商定或确定时，总监理工程师应会同合同当事人尽量通过协商达成一致，不能达成一致的，由总监理工程师按合同约定审慎做出公正的确定。总监理工程师应将确定以书面形式通知建设单位和承包单位，并附详细依据。合同当事人对总监理工程师的确定没有异议的，按总监理工程师的确定执行。任何一方合同当事人有异议，按争议解决的有关约定处理。争议解决前，合同当事人暂按总监理工程师的确定执行；争议解决后，争议解决的结果与总监理工程师的确定不一致的，按争议解决的结果执行，由此造成的损失由责任人承担。

【案例 5-1】某承包单位承接了一栋高层办公楼的建筑项目，工期为 36 个月。在工程初期，该承包单位与建设单位签订了详细的施工合同，明确了工程的质量、工期、造价等事宜。在工程开工 5 个月后，监理单位发出了要求承包单位替换和变更部分材料的指示。承包单位认为变更和替换部分材料会导致施工成本大幅增加，便未理会监理单位的指示，依旧采用原材料继续施工。请问：该承包单位的做法是否正确？

【分析】承包单位的做法不正确。因为当承包单位对监理单位发出替换和变更某些材料的指示有疑问时，承包单位应先以书面形式向监理单位提出异议，监理单位应在 48 小时内对该指示予以确认、更改或撤销，监理单位逾期未回复的，承包单位才有权拒绝执行上述指示，而不能无视监理单位的指示，依旧采用原材料继续施工。

3）承包单位的义务

承包单位在履行合同过程中应遵守法律和工程建设标准规范，并履行以下义务。

（1）办理法律规定应由承包单位办理的许可和批准，并将办理结果以书面形式报送建设单位留存。

（2）按法律规定和合同约定完成工程，并在保修期内承担保修义务。

（3）按法律规定和合同约定采取施工安全和环境保护措施，办理工伤保险，确保工程、人员、材料、设备和设施的安全。

（4）按合同约定的工作内容和施工进度要求，编制施工组织设计和施工措施计划，并对所有施工作业和施工方法的完备性、安全性和可靠性负责。

（5）在进行合同约定的各项工作时，不得侵害建设单位与他人使用公用道路、水源、市政管网等公共设施的权利，避免对邻近的公共设施产生干扰。建设单位占用或使用他人的施工场地，影响他人作业或生活的，应承担相应责任。

（6）按环境保护的有关约定负责施工场地及其周边环境与生态的保护工作。

（7）按安全文明施工的有关约定采取施工安全措施，确保工程及人员、材料、设备和设施的安全，防止因工程施工造成的人身伤害和财产损失。

（8）将建设单位按合同约定支付的各项价款专用于合同工程，及时向雇用人员支付工资，并及时向分包单位支付合同价款。

（9）按法律规定和合同约定编制竣工资料，完成竣工资料的立卷及归档，并按专用合同条款约定的套数、内容、时间等要求将竣工资料移交建设单位。

（10）应履行的其他义务。

4. 建筑工程施工合同的违约责任

1）建设单位的违约责任

在施工合同履行过程中，若发生下列情况之一，则视为建设单位违约。

（1）由建设单位自身原因导致未能在开工日期前7天内下达开工通知。

（2）建设单位未按合同约定时间支付合同价款。

（3）建设单位违反变更范围的约定，自行实施被取消的工作或转由他人实施。

（4）建设单位提供的材料、设备的规格、数量或质量不符合合同约定，或由建设单位自身原因导致交货日期延误或交货地点变更等。

（5）建设单位违反合同约定造成暂停施工。

（6）建设单位在无正当理由的情况下，未在约定期限内发出复工指示，导致承包单位无法复工。

（7）建设单位明确表示或以其行为表明不履行合同主要义务。

（8）建设单位未按合同约定履行其他义务。

当建设单位违约时，除建设单位明确表示或以其行为表明不履行合同主要义务的情况外，承包单位可向建设单位发出通知，要求建设单位采取有效措施纠正违约行为。若建设单位收到承包单位通知后28天内仍不纠正违约行为的，则承包单位有权暂停相应部位工程的施工，并通知监理单位。

建设单位应承担因其违约给承包单位带来的费用增加和（或）工期延误损失，并向承包单位支付合理的利润。此外，合同当事人可在专用合同条款中另行约定建设单位违约责任的承担方式和计算方法。

除专用合同条款另有约定外，承包单位按建设单位违约情形约定暂停施工满28天后，建设单位仍不纠正其违约行为并致使合同目的不能实现的，承包单位有权解除合同，建设单位应承担由此增加的费用，并向承包单位支付合理的利润。

建设单位应在解除合同后28天内向承包单位支付以下款项，并解除履约担保。

（1）合同解除前已完工工程量的价款。

（2）承包单位为工程施工订购并已付款的材料、设备和其他物品的价款。

（3）承包单位撤离施工现场以及遣散承包单位人员的款项。

（4）按合同约定在合同解除前应支付的违约金。

（5）按合同约定应支付给承包单位的其他款项。

（6）按合同约定应退还的质量保证金。

（7）由解除合同给承包单位造成的损失。

2）承包单位的违约责任

在施工合同履行过程中，若发生下列情况之一，则视为承包单位违约。

（1）承包单位违反合同约定进行转包或违法分包。

（2）承包单位违反合同约定采购和使用不合格的材料和设备。

（3）由承包单位原因导致工程质量不符合合同要求。

（4）承包单位违反材料和设备专用要求的约定，未经批准，私自将已按合同约定进入施工现场的材料或设备撤离施工现场。

（5）承包单位未能按施工进度计划及时完成合同约定的工作，造成工期延误。

（6）承包单位在缺陷责任期及保修期内，未能在合理期限对工程缺陷进行修复，或拒绝按建设单位要求进行修复。

（7）承包单位明确表示或以其他行为表明不履行合同主要义务。

（8）承包单位未能按合同约定履行义务。

除明确表示或以其他行为表明不履行合同主要义务的约定以外，承包单位发生其他违约情况时，监理单位可向承包单位发出整改通知，要求其在指定的期限内改正。

当承包单位违约时，承包单位应承担由其违约行为而带来的费用增加和（或）工期延误损失。此外，合同当事人可在专用合同条款中另行约定承包单位违约责任的承担方式和计算方法。

除专用合同条款另有约定外，承包单位出现明确表示或以其他行为表明不履行合同主要义务的违约行为时，或者监理单位发出整改通知后，承包单位在指定的合理期限内仍不纠正违约行为，使合同目的不能实现的，建设单位有权解除合同。合同解除后，因继续完成工程的需要，建设单位有权使用承包单位在施工现场的材料、设备、临时工程、承包单位文件和由承包单位或以其名义编制的其他文件，合同当事人应在专用合同条款约定相应费用的承担方式。建设单位继续使用的行为不免除或减轻承包单位应承担的违约责任。

由承包单位原因导致合同解除的，合同当事人应在合同解除后 28 天内完成估价、付款和清算，并按以下约定执行。

（1）合同解除后，按约定商定或确定承包单位实际已完工工程量对应的合同价款，以及承包单位已提供的材料、设备、施工机具和临时工程等的价值。

（2）合同解除后，承包单位应支付的违约金。

（3）合同解除后，因解除合同给建设单位造成的损失。

（4）合同解除后，承包单位应按建设单位要求和监理单位的指示完成现场的清理和撤离。

（5）建设单位和承包单位应在合同解除后进行清算，出具最终结清付款证明，结清全部款项。

由承包单位违约解除合同的，建设单位有权暂停向承包单位付款，查清各项付款和已扣款项。若建设单位和承包单位未能就合同解除后的清算和款项支付达成一致，则按争议解决的约定处理。

创想天地

建筑工程合同管理是确保项目顺利推进、保障各方合法权益、控制工程造价与质量、避免经济冲突、促进项目高效运行的关键环节。有效的建筑工程合同管理不仅能及时发现并解决合同履行过程中的问题，还能预防潜在风险，减少不必要的法律纠纷和经济损失，为工程项目的顺利完工与交付奠定坚实基础。请结合工程实例，分析监理单位应采取哪些措施来监督合同的执行情况，来确保建筑工程的目标满足合同规定的要求。

笔记

任务 5.2 建筑工程信息管理

任务引入

某市拟建一座大型图书馆，李某是该项目的负责人。随着项目的推进，李某发现该项目的设计图纸、施工计划、材料清单、人员安排等各种信息十分繁杂，加之施工队伍主要依赖纸质文档和口头指令交流施工细节，不仅导致施工效率低下、信息传递错误频发，还严重影响了工程进度和团队内部的和谐。于是，李某开始积极学习和应用建筑工程信息管理的知识和技能。通过实践，设计、施工、采购等多个环节的信息得到了有效整理，团队成员之间的沟通也变得更加顺畅，工程进度明显加快，工程质量显著提升。最终，图书馆提前竣工。让我们跟随李某一起学习一下建筑工程信息的处理方法吧。

本任务主要介绍建筑工程信息管理的内容、归档文件的质量要求、工程文件的立卷和归档、建筑工程档案的验收和移交等内容，知识与技能要求如表 5-4 所示。

表 5-4 知识与技能要求

任务内容	建筑工程信息管理	学习程度		
		识记	理解	应用
学习任务	建筑工程信息管理的内容	●		
	归档文件的质量要求		●	
	工程文件的立卷和归档		●	
	建筑工程档案的验收和移交		●	
实训任务	处理建筑工程信息			●
自我勉励				

任务工单——处理建筑工程信息

1. 学生分组

学生以 3～5 人为一组，各小组选出组长并进行任务分工，将小组成员及分工情况填入表 5-5 中。

表 5-5　小组成员及分工情况

班级		组号		指导教师	
小组成员	姓名	学号	任务分工		
组长					
组员					

2. 实施准备

（1）各小组查阅并整理相关资料，确定建筑工程信息处理的内容和方法，然后设计信息处理方案，将设计好的信息处理方案提交给指导教师。

（2）指导教师对各小组提交的信息处理方案进行梳理、比较，从中选择一个最优方案，然后将其作为处理建筑工程信息的实施方案。

3. 任务实施

1）收集信息

收集所有与工程项目相关的数据和信息，包括____。

2）整理信息

对收集到的信息进行分类和整理，建立一个有序的信息库，以便于信息的检索和管理。

3）分析信息

分析整理后的信息（可能包括对____的分析）。通过深入分析，可帮助识别潜在问题，优化施工方案，提高资源利用率。

4）传播信息

确保信息能够在项目团队成员之间有效传播。同时，还需要建立清晰的沟通渠道，如____________________等，以确保所有相关人员都能及时获得所需的信息。

5）存储信息

对所有相关的信息进行妥善存储，以便于未来的查询和审计。存储工作应遵循一定的标准和格式，以确保信息的完整性和可追溯性。

6）借助现代化信息技术

借助现代化信息技术，采用相应信息处理工具，如____________________等，来提高信息处理的效率和准确性。这些工具不仅可帮助存储和管理大量的数据，还可促进部门间的协同工作，从而提高整个项目的管理效率。

7）建立信息反馈机制

建立一个有效的信息反馈机制，如____________________等，以确保项目执行过程中出现的问题能够及时被发现和解决。

8）任务总结

____。

笔记

5.2.1　建筑工程信息管理的内容

建筑工程信息管理是指对建筑工程信息的收集、加工、整理、分发、检索、存储等一系列工作的总称。建筑工程信息管理工作的好坏，将直接影响建筑工程监理及相关服务工作的成败。

1. 信息收集

工程建设过程中会产生大量的信息。信息收集是运用信息的前提，是处理信息的基础，不经过信息收集就没有信息运用和处理的对象。信息收集工作的好坏直接决定了信息处理质量的高低。信息收集应本着主动及时、全面系统、真实可靠、重点选择等基本原则进行。

小贴士

监理单位介入工程建设阶段不同，项目监理机构所要收集的信息就不同。若监理单位在设计阶段介入，则项目监理机构需要收集的信息包括工程项目可行性研究报告，拟建工程所在地信息，勘察、设计单位相关信息等；若监理单位在招标阶段介入，则项目监理机构需要收集的信息包括工程立项审批文件，施工图设计审批文件，工程所在地工程材料、构配件、设备、劳动力市场价格及变化规律，工程所在地工程建设标准及招标投标相关规定等；若监理单位在施工阶段介入，则项目监理机构需要收集的信息包括施工组织设计及施工方案、施工进度计划、事故处理程序、施工合同履行情况、分部分项工程检查验收记录、工程索赔相关信息等。

2. 信息加工和整理

信息收集完成后，应对这些信息进行必要的加工和整理。信息加工和整理主要是将工程建设过程中所获得的各种数据和信息进行鉴别、选择、核对、合并、排列、更新、计算、汇总等，从而生成不同形式的数据和信息，以供各类管理人员使用。对信息进行合理、有效的加工和整理，可以帮助各类管理人员根据信息做出更加准确的判断和决策，提高工作效率，减少或避免问题的发生。信息加工和整理应本着标准化、系统化，满足准确性、时效性、适用性要求等基本原则进行。

3. 信息分发和检索

加工和整理后的信息应及时提供给需要使用信息的部门和人员，信息的分发应根据实际需要进行，信息的检索应建立在一定的分级管理制度上。信息分发和检索的基本原则：需要信息的部门和人员有权在第一时间得到所需的信息。

4. 信息存储

信息存储需要建立统一的数据库，并根据工程实际情况，规范地组织数据文件。各参建单位应协调统一数据存储的方式，规范数据文件名，保证数据的准确性和唯一性，实现数据共享。对于同一工程，可按质量、造价等类别组织，并根据实际情况对各类信息再进一步进行细化。

5.2.2 归档文件的质量要求

建筑工程文件（以下简称工程文件）是指在工程建设过程中形成的各种形式的信息记录，包括工程准备阶段文件、监理文件、施工文件、竣工图、竣工验收文件等。用于记载与工程建设有关的重要活动、工程建设主要过程和现状，具有保存价值的各种载体的文件，均应收集齐全、整理立卷后归档。

小贴士

工程准备阶段文件是指建筑工程开工前，在立项、审批、用地、勘察、设计、招投标等工程准备阶段形成的文件；监理文件是指监理单位在工程设计、施工等监理过程中形成的文件；施工文件是指施工单位在施工过程中形成的文件；竣工图是指工程竣工验收后，真实反映工程施工结果的图样；竣工验收文件是指工程竣工验收活动中形成的文件。

归档文件的质量要求如下。

（1）归档的纸质工程文件应为原件。

（2）工程文件的内容及深度应符合国家现行有关工程勘察、设计、施工、监理等标准的规定。

（3）工程文件的内容必须真实、准确，与工程实际相符合。

（4）计算机输出文字、图件，以及手工书写材料，其字迹的耐久性和耐用性应符合国家现行有关标准的规定。

（5）工程文件应字迹清楚、图样清晰、图表整洁，签字盖章手续应完备。

（6）工程文件中文字材料的幅面尺寸规格宜为 A4（297 mm×210 mm）。图纸宜采用国家标准图幅。

（7）工程文件的纸张，其耐久性和耐用性应符合国家有关标准的规定。

（8）所有竣工图均应加盖竣工图章（见图 5-1），并符合下列规定。

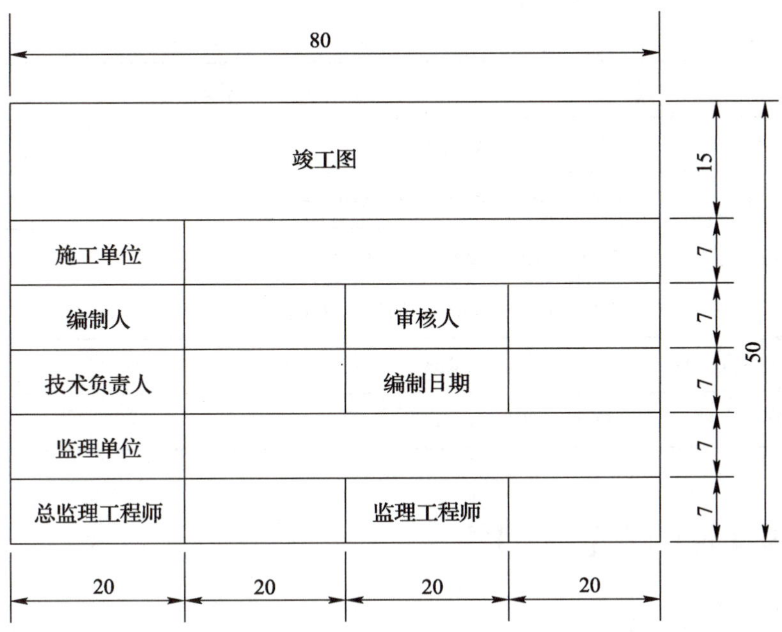

图 5-1 竣工图章示例

① 竣工图章的基本内容应包括“竣工图”字样、施工单位、编制人、审核人、技术负责人、编制日期、监理单位、总监理工程师、监理工程师。

② 竣工图章尺寸应为80 mm×50 mm 。

③ 竣工图章应使用不易褪色的印泥，并盖在图标栏上方空白处。

（9）竣工图的绘制与改绘应符合国家现行有关制图标准的规定。

（10）归档的工程电子文件应包含元数据，并保证文件的完整性和有效性。元数据应符合现行行业标准的有关规定。

（11）归档的工程电子文件的内容必须与其纸质档案一致。

（12）归档的工程电子文件应采用电子签名等手段，所载内容应真实可靠。

（13）工程电子文件离线归档的存储载体，可采用移动硬盘、闪存盘、光盘、磁带等。

（14）存储移交电子档案的载体应经过检测，确保无病毒、无数据读写故障，并确保接收方能通过适当设备读取数据。

（15）归档的工程电子文件应采用或转换为表 5-6 所示的文件格式。

表 5-6 工程电子文件归档格式

文件类别	文件格式
文本（表格）文件	OFD、DOC、DOCX、XLS、XLSX、PDF/A、XML、TXT、RTF
图像文件	JPEG、TIFF

（续表）

文件类别	文件格式
图形文件	DWG、PDF/A、SVG
视频文件	AVS、AVI、MPEG-2、MPEG-4
音频文件	AVS、WAV、AIF、MID、MP3
数据库文件	SQL、DDL、DBF、MDB、ORA
虚拟现实/3D 图像文件	WRL、3DS、VRML、X3D、IFC、RVT、DGN
地理信息数据文件	DXF、SHP、SDB

5.2.3 工程文件的立卷和归档

1．工程文件的立卷

立卷又称组卷，是指按一定的原则和方法，将有保存价值的文件分门别类整理成案卷。案卷是指由互相联系的若干文件组成的档案保管单位。

1）立卷的流程

（1）对属于归档范围的工程文件进行分类，确定归入案卷的文件材料。

（2）对卷内文件材料进行排列、编目、装订（或装盒）。

（3）排列所有案卷，形成案卷目录。

2）立卷的原则

（1）立卷应遵循工程文件的自然形成规律和工程专业的特点，保持卷内文件的有机联系，便于档案的保管和利用。

（2）工程文件应根据形成单位、整理单位及建设程序，按工程准备阶段文件、监理文件、施工文件、竣工图、竣工验收文件分别进行立卷，并可根据数量多少组成一卷或多卷。

（3）一项工程由多个单位工程组成时，工程文件应按单位工程立卷。

（4）不同载体的文件应分别立卷。

3）立卷的方法

（1）工程准备阶段文件应按建设程序、形成单位等进行立卷。

（2）监理文件应按单位工程、分部工程，或者专业、阶段等进行立卷。

（3）施工文件应按单位工程、分部（分项）工程进行立卷。

（4）竣工图应按单位工程分专业进行立卷。

（5）竣工验收文件应按单位工程分专业进行立卷。

（6）电子文件立卷时，每个工程应建立多级文件夹，在案卷设置上与纸质文件的一致，并建立相应的标识关系。

（7）声像资料应按工程各阶段立卷，重大事件及重要活动的声像资料应按专题立卷，声像档案与纸质档案应建立相应的标识关系。

4）施工文件的立卷要求

（1）专业承（分）包施工的分部、子分部（分项）工程应分别单独立卷。

（2）室外工程应按室外建筑环境和室外安装工程单独立卷。

（3）当施工文件中部分内容不能按1个单位工程分类立卷时，可按工程立卷。

5）卷内文件的排列

文字材料应按事项、专业顺序排列。同一事项的请示与批复、同一文件的印本与定稿、主体与附件不应分开，应按“批复在前、请示在后，印本在前、定稿在后，主体在前、附件在后”的顺序排列。图纸应按专业排列，同专业图纸应按图号顺序排列。当案卷内既有文字材料又有图纸时，文字材料应排在前面，图纸应排在后面。

6）案卷的编目

（1）编制卷内文件页号应符合的规定：卷内文件均应按有书写内容的页面编号，每卷单独编号，页号从“1”开始；单面书写的文件在右下角，双面书写的文件，正面在右下角，背面在左下角，折叠后的图纸一律在右下角；成套图纸或印刷成册的文件材料，自成一卷的，原目录可代替卷内目录，不必重新编写页码；案卷封面、卷内目录、卷内备考表不编写页号。

（2）卷内目录的编制应符合的规定：卷内目录排列在卷内文件首页之前，卷内目录式样如图5-2所示，图中尺寸单位统一为mm，比例为1∶2；序号应以一份文件为单位编写，用阿拉伯数字从1依次标注；责任者应填写文件的直接形成单位或个人，有多个责任者时，应选择两个主要责任者，其余用“等”代替；文件编号应填写文件形成单位的发文号或图纸的图号，或者设备、项目代号；文件题名应填写文件标题的全称，当文件无标题时，应根据内容拟写标题，拟写标题外应加“[ ]”符号；日期应填写文件的形成日期或文件的起止日期，竣工图应填写编制日期，日期中“年”应用四位数字表示，“月”和“日”应分别用两位数字表示；页次应填写文件在卷内所排的起始页号，最后一份文件应填写起止页号；备注应填写需要说明的问题。

2. 工程文件的归档

归档是指文件形成部门或形成单位完成其工作任务，并将形成的文件整理立卷后，按规定向本单位档案室或向城建档案管理机构移交的过程。

建设工程文件归档规范（局部修订）

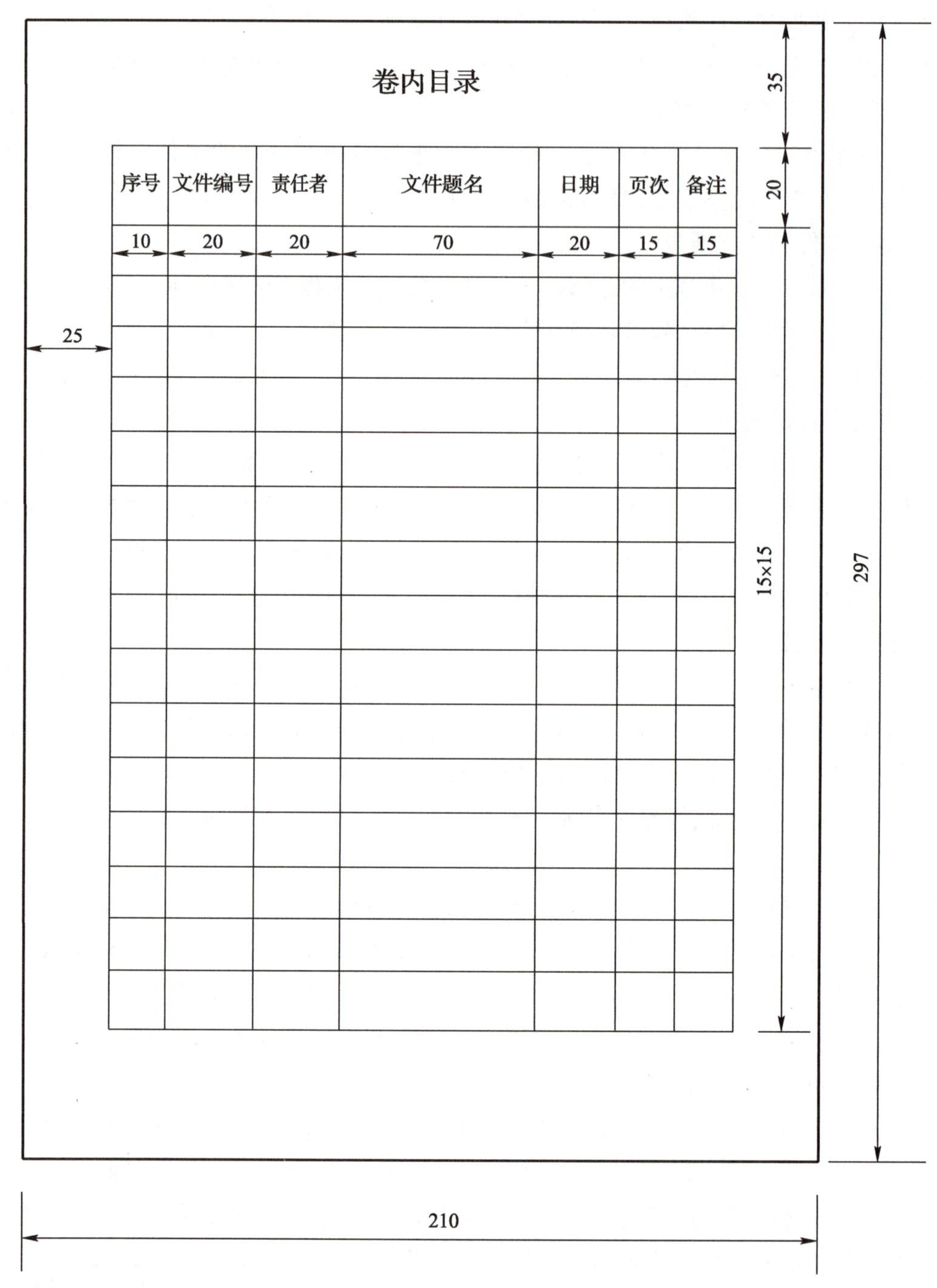

图 5-2　卷内目录式样

归档应符合如下规定。

（1）归档文件范围和质量应符合有关规范的规定。

（2）归档的文件必须经过分类整理，并符合有关规范的规定。

（3）电子文件归档应包括在线式归档和离线式归档两种方式。可根据实际情况选择其中一种或两种方式进行归档。

（4）归档时间应符合的规定：① 根据建设程序和工程特点，归档可分阶段分期进行，也可在单位或分部工程通过竣工验收后进行；② 勘察、设计单位应在任务完成后，施工、监理单位应在工程竣工验收前，将各自形成的有关工程文件向建设单位归档。

（5）勘察、设计、施工单位在收齐工程文件并整理立卷后，建设单位、监理单位应根据城建档案管理机构的要求，对归档文件的完整性、准确性、系统性和案卷质量进行审查。审查合格后方可向建设单位移交。

（6）建筑工程档案的编制不得少于两套，一套应由建设单位保管，一套（原件）应移交当地城建档案管理机构保存。

（7）勘察、设计、施工、监理等单位向建设单位移交档案时，应编制移交清单，双方签字、盖章后方可交接。

（8）设计、施工及监理单位需要向本单位归档的文件，应按国家有关规定和规范的要求立卷归档。

笔记

5.2.4 建筑工程档案的验收和移交

建筑工程档案（以下简称工程档案）是指在工程建设过程中直接形成的具有归档保存价值的文字、图纸、图表、声像、电子文件等各种形式的历史记录。

1. 建筑工程档案的验收

工程档案验收时，应主要查验如下内容。

（1）工程档案齐全、系统、完整，能全面反映工程建设活动和工程实际状况。

（2）工程档案已整理立卷，立卷符合相关规定。

（3）竣工图的绘制方法、图式及规格等符合专业技术要求，图面整洁，盖有竣工图章。

（4）文件的形成、来源符合实际，要求单位或个人签章的文件，其签章手续完备。

（5）文件的材质、幅面、书写、绘图、用墨、托裱等符合要求。

（6）电子档案的格式、载体等符合要求。

（7）声像档案的内容、质量、格式符合要求。

2. 建筑工程档案的移交

建筑工程档案的移交应符合如下规定。

（1）列入城建档案管理机构接收范围的工程，建设单位在工程竣工验收备案前，必须向城建档案管理机构移交一套符合规定的工程档案。

（2）停建、缓建工程的档案，可暂由建设单位保管。

（3）对改建、扩建和维修工程，建设单位应组织设计、施工单位对改变部位据实编制新的工程档案，并在工程竣工验收后备案前向城建档案管理机构移交。

（4）当建设单位向城建档案管理机构移交工程档案时，应提交移交案卷目录，办理移交手续，双方签字、盖章后方可交接。

创想天地

建筑行业作为国民经济的重要支柱，其现代管理模式和技术手段对提高生产效率和确保工程质量尤为重要。监理单位作为确保工程质量、进度和安全的重要一环，其信息管理的效率和准确性将直接影响工程项目的顺利进行和最终成果的交付。在当今数字化和智能化的时代背景下，监理单位应如何有效利用人工智能、大数据等新技术来优化信息管理体系、提升信息管理的效率和准确性？

项目知识检测

1．填空题

（1）《建设工程监理合同（示范文本）》主要由__________、__________和__________3部分组成。

（2）《建设工程施工合同（示范文本）》主要由__________、__________和__________3部分组成。

（3）建筑工程信息管理是指对建筑工程信息的__________、__________、__________、__________、__________、__________等一系列工作的总称。

（4）建筑工程文件包括__________、__________、__________、__________、__________等。

2．选择题

（1）在工程建设过程中，异常恶劣的气候条件对施工的影响应由（　　）承担。

A．建设单位　　B．承包单位

C．监理单位　　D．勘察设计单位

（2）下列选项中，不属于归档文件质量要求的是（　　）。

A．文字材料的幅面尺寸规格宜为A4

B．工程文件的内容必须真实、准确，与工程实际相符合

C．所有竣工图均应加盖竣工图章

D．归档的纸质工程文件可以是复印件

（3）下列选项中，不属于竣工图章基本内容的是（　　）。

A．监理单位　　B．编制人　　C．审核人　　D．设计单位

（4）下列选项中，不属于工程电子文件归档格式的是（　　）。

A．DOC　　B．PDF/A　　C．TXT　　D．PPT

3．简答题

（1）简述建筑工程合同管理的作用。

（2）简述监理单位在履行建筑工程监理合同过程中的义务。

（3）简述施工合同价格调整范围。

（4）简述订立建筑工程施工合同时应明确的保险责任。

（5）简述工程文件立卷的流程。

学习成果评价

指导教师对学生的实际学习成果进行评价，学生配合指导教师共同完成表 5-7。

表 5-7　学习成果评价表

<table>
<tr><td>班级</td><td></td><td>组号</td><td></td><td>日期</td><td></td></tr>
<tr><td>姓名</td><td></td><td>学号</td><td></td><td>指导教师</td><td></td></tr>
<tr><td>学习成果名称</td><td colspan="5">建筑工程合同及信息管理</td></tr>
<tr><td>评价项目</td><td colspan="2">评价内容</td><td>评价方式</td><td>满分/分</td><td>评分/分</td></tr>
<tr><td rowspan="7">知识
（40%）</td><td colspan="2">建筑工程合同管理的概念和作用</td><td rowspan="7">理论测试</td><td>5</td><td></td></tr>
<tr><td colspan="2">建筑工程监理合同管理</td><td>6</td><td></td></tr>
<tr><td colspan="2">建筑工程施工合同管理</td><td>6</td><td></td></tr>
<tr><td colspan="2">建筑工程信息管理的内容</td><td>5</td><td></td></tr>
<tr><td colspan="2">归档文件的质量要求</td><td>6</td><td></td></tr>
<tr><td colspan="2">工程文件的立卷和归档</td><td>6</td><td></td></tr>
<tr><td colspan="2">建筑工程档案的验收和移交</td><td>6</td><td></td></tr>
<tr><td rowspan="2">技能
（40%）</td><td colspan="2">处理建筑工程合同纠纷</td><td rowspan="2">实践操作</td><td>20</td><td></td></tr>
<tr><td colspan="2">处理建筑工程信息</td><td>20</td><td></td></tr>
<tr><td rowspan="5">素养
（20%）</td><td colspan="2">积极参加教学活动，主动学习、思考、讨论</td><td rowspan="5">综合评判</td><td>5</td><td></td></tr>
<tr><td colspan="2">认真负责，按时完成学习、实践任务</td><td>5</td><td></td></tr>
<tr><td colspan="2">团结协作，与组员之间密切配合</td><td>4</td><td></td></tr>
<tr><td colspan="2">服从指挥，遵守课堂纪律</td><td>4</td><td></td></tr>
<tr><td colspan="2">守正创新，自信自强</td><td>2</td><td></td></tr>
<tr><td colspan="4">合计</td><td>100</td><td></td></tr>
<tr><td>自我评价</td><td colspan="5"></td></tr>
<tr><td>指导教师评价</td><td colspan="5"></td></tr>
</table>